高职高专特色课程规划教材

电 气 安 全 技 术

主　编　王华龙　孙承智
副主编　张志鹏　赵君君

东北大学出版社

·沈 阳·

Ⓒ 王华龙 孙承智 2022

图书在版编目（CIP）数据

电气安全技术 / 王华龙，孙承智主编. — 沈阳：
东北大学出版社，2022.12
ISBN 978-7-5517-3195-9

Ⅰ. ①电… Ⅱ. ①王… ②孙… Ⅲ. ①电气安全
Ⅳ. ①TM08

中国版本图书馆 CIP 数据核字（2022）第 243575 号

出 版 者：东北大学出版社
　　　　　地址：沈阳市和平区文化路三号巷 11 号
　　　　　邮编：110819
　　　　　电话：024-83687331（市场部）　83680267（社务部）
　　　　　传真：024-83680180（市场部）　83680265（社务部）
　　　　　网址：http://www.neupress.com
　　　　　E-mail：neuph@neupress.com
印 刷 者：沈阳市第二市政建设工程公司印刷厂
发 行 者：东北大学出版社
幅面尺寸：185 mm×260 mm
印 　 张：11.25
字 　 数：246 千字
出版时间：2022 年 12 月第 1 版
印刷时间：2022 年 12 月第 1 次印刷
策划编辑：牛连功
责任编辑：王 　旭
责任校对：周 　朦
封面设计：潘正一

ISBN 978-7-5517-3195-9　　　　　　　　　　　定 价：30.00 元

前　言

　　电能是现代化能源，目前被广泛地应用于国民经济的各个部门和人们日常生活中。随着科学技术的发展，电力系统和电气设备越来越复杂，其功能越来越完善，但用电产生的安全隐患也随之而来，给人类造成威胁。因此，掌握电气安全技术，正确地进行电气设计、设备安装及运行维护，可以避免因电气装置设计不完善或错误操作而带来的人身触电伤亡和电气设备损坏等事故。

　　本书着重讲解了电气危害产生的途径和种类，能帮助人们理解电气危害的基本原理，掌握电气防护、过电压防护和雷电防护的基本方法，认识电气环境安全的重要性，为人们从事与电气工程有关的各项工作打下良好的基础。通过对本书的学习，可以运用电气安全相关技术和标准，辨识和分析作业场所存在的电气安全隐患，解决防触电、防静电、防雷击和电气防火防爆等电气安全技术问题，以帮助人们在日常生产和生活中安全地接触电气设备，安全地工作和用电。

　　本书由王华龙、孙承智担任主编，张志鹏、赵君君担任副主编。本书共分为八章，其中第1至3章由辽宁石化职业技术学院王华龙编写；第4和5章由辽宁石化职业技术学院孙承智编写；第6章由辽宁航星海洋科技有限公司张志鹏编写；第7和8章由辽宁石化职业技术学院赵君君编写。在本书编写过程中，承蒙行业电气安全方面专家及学院各位专业老师的热情帮助和支持，在此一并表示衷心的感谢。

　　由于电气安全技术涉及面宽、涉及学科范围广，而编者水平有限，因此本书中难免存在不妥之处，敬请读者批评、指正。

编　者

2022 年 5 月

目 录

第1章　电气危险因素及事故种类

1966 年，美国运输部国家安全局局长哈登引申了吉布森于 1961 年提出的观点"生物体受伤害的原因只能是某种能量的转变"，并提出了"根据有关能量对伤亡事故加以分类的方法"，以及"生活区远离污染源"等能量转移论的观点。

能量转移论的核心思想为：能量是物体做功的本领，人类社会的发展就是不断地开发和利用能量的过程。但能量也是对人体造成伤害的根源，没有能量就没有事故，没有能量就没有伤害。即人受伤害的原因只能是某种能量向人体的转移，而事故则是一种能量的不正常或不期望的释放。

人们把能量引起的伤害分为以下两类。

第一类伤害是由于施加了超过局部或全身性的损伤阈值的能量而产生的。人体各部分对每一种能量都有一个损伤阈值。当施加于人体的能量超过该阈值时，就会对人体造成损伤，大多数伤害属于此类。例如，在工业生产中，一般都以 36 V 为安全电压，也就是说，在正常情况下，当人与电源接触时，由于 36 V 的电压在人体所承受的阈值之内，就不会对人体造成任何伤害或伤害极其轻微；而高于 220 V 的电压大大超过人体所承受的阈值，若人体与其接触，轻则灼伤或某些功能暂时性损伤，重则造成终身伤残甚至死亡。

第二类伤害是由影响局部或全身性能量交换引起的。例如，因机械因素（如溺水等）或化学因素（如一氧化碳中毒等）引起的窒息。

根据能量转移论的观点，电气危险因素是由于电能的非正常状态形成的。

按照构成事故的要素，可将电气危险因素划分为触电、电气火灾爆炸、雷电、静电、频射电磁辐射、电气系统故障等。

按照电能形态，可将电气事故划分为触电事故、雷击事故、静电事故、电磁辐射事故、电气装置事故等。其中，雷击事故、静电事故将在第 4 章和第 5 章中进行详细讲解。

1.1　触电

触电是指人体接触或接近带电体后，电流对人体造成的伤害产生组织损伤和功能障碍甚至死亡的现象。

触电有两种类型，即电击和电伤。在触电事故中，电击和电伤通常不会单独出现，多数情况下二者同时发生。

1.1.1 电击

电击是指电流通过人体，刺激机体组织，使机体产生针刺感、压迫感、电击感、痉挛、疼痛、血压异常、昏迷、心律不齐、心室颤动等，并对机体造成伤害的形式。严重的电击会破坏人体内部组织，影响呼吸系统、心脏及神经系统的正常功能，甚至危及生命。

1.1.1.1 电击伤害机制

在正常能量之外的电能作用下，人体系统功能很容易遭到破坏。例如，电流作用于心脏或管理心脏和呼吸机能的脑神经中枢，能破坏心脏等重要器官的正常工作；电流通过人体会引起麻感、针刺感、打击感、痉挛、疼痛、呼吸困难、血压异常、昏迷、心律不齐、窒息、心室纤维颤抖等症状。图1.1为电击警示图。

图1.1 电击警示图

1.1.1.2 电流对人体作用的影响因素

电流通过人体内部对人体伤害的严重程度，与通过人体的电流大小、电流持续时间、电流通过途径、电流种类及人体状况等多种因素有关，特别是与电流大小和电流持续时间有着十分密切的关系。

(1)电流大小的影响。

通过人体的电流大小不同，人体的生理反应也不尽相同。对于工频电流，按照通过人体的电流和人体呈现的不同反应，可将通过人体的电流划分为感知电流、摆脱电流和室颤电流三个阶段。

① 感知电流及感知阈值。

感知电流是指电流流过人体时引起人有感觉的最小电流。感知电流的最小值称为感知阈值。不同的人具有不同的感知电流及感知阈值。成年男性平均工频交流电的感知电流约为1.1 mA，成年女性平均工频交流电的感知电流约为0.7 mA；感知阈值平均为0.5 mA，并与时间因素无关。感知电流一般不会对人体造成伤害，但可能因不自主反应而导致高处跌落等二次事故。感知电流的概率曲线如图1.2(a)所示。

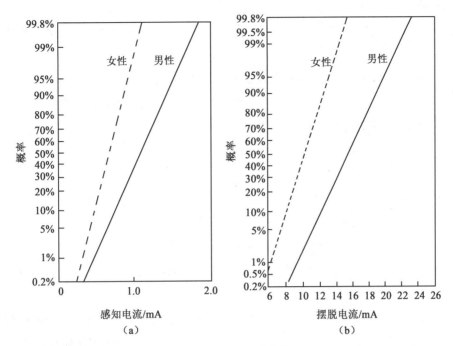

图 1.2　电流概率曲线

② 摆脱电流及摆脱阈值。

摆脱电流是指人体触电以后能够自己摆脱的最大电流。摆脱电流的最小值称为摆脱阈值。不同的人具有不同的摆脱电流和摆脱阈值。成年男性平均摆脱电流约为 16 mA，成年女性平均摆脱电流约为 10.5 mA，儿童的摆脱电流较成人的要小。成年男性摆脱阈值约为 9 mA，成年女性摆脱阈值约为 6 mA。对于正常人体，摆脱阈值平均为 10 mA，并与时间因素无关。也就是说，一旦触电后无法摆脱带电体，后果将是比较严重的。摆脱电流的概率曲线如图 1.2(b)所示。

③ 室颤电流及室颤阈值。

室颤电流是指引起心室颤动的电流，其最小电流即室颤阈值。电击致死是由电流引起的心室颤动造成的。由于心室颤动几乎终将导致死亡，因此，室颤电流也被称为致命电流。室颤电流与电流持续时间关系密切。当电流持续时间超过心脏周期时，室颤电流仅为 50 mA 左右；当电流持续时间短于心脏周期时，室颤电流为数百毫安。当电流持续时间小于 0.1 s 时，只有电击发生在心脏易损期，500 mA 以上乃至数安的电流才能够引起心室颤动。室颤电流时间曲线(室颤电流与电流持续时间的关系)如图 1.3 所示。

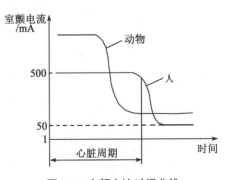

图 1.3　室颤电流时间曲线

(2)电流持续时间的影响。

通过人体的电流持续时间越长，越容易引起心室颤动，危险性越大。主要原因有以下三点。

① 电流持续时间越长，能量积累越多，将增加危险性。

根据动物实验和综合分析得出，对于体重为 50 kg 的人，当发生心室颤动的概率为 0.5% 时，引起心室颤动的工频电流与电流持续时间之间的关系如下：

$$I = \frac{116}{\sqrt{t}} \tag{1.1}$$

式中，I ——心室颤动电流，mA；

t ——电流持续时间，s。

式(1.1)中所允许的时间范围是 0.01~0.50 s。

② 电流持续时间越长，人体电阻因皮肤发热、出汗等而降低，使通过人体的电流进一步增加，危险性也随之增加。

工频电流作用于人体的效应可参考表 1.1。表 1.1 中，0 代表没有感觉的范围；A1，A2，A3 代表不引起心室颤动、不致产生严重后果的范围；B1，B2 代表容易产生严重后果的范围。

表 1.1 工频电流作用于人体的效应

电流范围	电流	电流持续时间	生理效应
0	0~0.5 mA	连续通电	没有感觉
A1	0.5~5 mA	连续通电	开始有感觉，手指、手腕等处有麻感，没有痉挛，可以摆脱带电体
A2	5~30 mA	数分钟以内	痉挛、不能摆脱带电体、呼吸困难、血压升高，是可以忍受的极限
A3	30~50 mA	数秒到数分钟	心脏跳动不规则、昏迷、血压升高、强烈痉挛，时间过长即引起心室颤动
B1	50 mA 至数百毫安	低于心脏搏动周期	受强烈刺激，但未引起心室颤动
		超过心脏搏动周期	昏迷、心室颤动，接触部位留有电流通过的痕迹
B2	超过数百毫安	低于心脏搏动周期	在心脏搏动周期特定的相位触电时，发生心室颤动、昏迷，接触部位留有电流通过的痕迹
		超过心脏搏动周期	心脏停止跳动、昏迷

③ 电击持续时间越长，人体中枢神经反射越强烈，电击危险性越大。

（3）电流通过途径的影响。

电流通过心脏，会引起心室颤动或使心脏停止跳动，造成血液循环中断而导致死亡；电流通过中枢神经或有关部位，会引起中枢神经严重失调而导致死亡；电流通过脊髓，会使人截瘫；电流通过头部，会使人昏迷或对脑组织产生严重损坏而导致死亡。

一般来说，从手到脚的电流途径最危险；其次是从手到手的电流途径；从脚到脚的电流途径虽然伤害程度较轻，但在人摔倒后，能够造成电流通过全身的严重情况。

利用心脏电流因数可以粗略估计不同电流途径下心室颤动的危险性。心脏电流因数是指某一途径的心脏内电场强度与从左手到脚流过相同大小电流时的心脏内电场强度的比值。

若通过人体某一电流途径的电流为 I，通过左手到脚途径的电流为 I_{ref}，且二者引起心室颤动的危险程度相同，则心脏电流因数（F）可按照式（1.2）计算：

$$F = \frac{I_{\text{ref}}}{I} \tag{1.2}$$

各种电流途径发生的概率不同。例如，左手至右手的概率为 40%，右手至双脚的概率为 20%，左手至双脚的概率为 17%，等等。各种电流途径的心脏电流因数如表 1.2 所列。

表 1.2 各种电流途径的心脏电流因数

电流途径	心脏电流因数	电流途径	心脏电流因数
左手—左脚、右脚或双脚	1.0	背—左手	0.7
双手—双脚	10	胸—右手	1.3
左手—右手	0.4	胸—左手	1.5
右手—左脚、右脚或双脚	0.8	臀部—左手、右手或双手	0.7
背—右手	0.3	左脚—右脚	0.04

（4）电流种类的影响。

不同种类的电流对人体的危险程度不同，但各种电流都有致命的危险。直流电、高频电流、冲击电流、特殊波形电流对人体有危害，工频电流一般对人体的危害最大。

（5）人体状况的影响。

人体因健康状况、性别、年龄等条件不同，对电流的敏感程度也不同。在遭受相同的电击时，不同人的危险程度不完全相同：女性的感知电流和摆脱电流约比男性低 1/3，电击危险性大于男性；儿童的电击危险性大于成年人；体弱多病者的电击危险性大于健壮者；体重小者的电击危险性一般大于体重大者。

同时，人体的健康状况和精神状态是否正常，对于受到触电伤害的程度不同。患有心脏病、结核病、精神病、内分泌器官疾病及酒醉的人，触电引起的伤害程度更加严重。

在带电体电压一定的情况下，触电时人体电阻越大，通过人体的电流就越小，危险程度也越小；反之，危险程度会增加。

1.1.1.3 人体阻抗

人体阻抗是定量分析人体电流的重要参数之一，是处理许多电气安全问题所必须考虑的基本因素。人体受到电击伤害的程度与人体阻抗密切相关。

人体阻抗由皮肤、血液、肌肉、细胞组织及其接合部组成，是包含电阻和电容的阻抗。其等效电路图如图 1.4 所示，由于人体电容只有数百皮法，在工频条件下，可以忽略不计，因此，可以将人体阻抗看作纯电阻。人体电阻包括皮肤电阻和体内电阻。

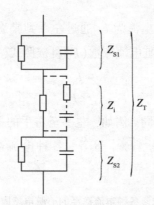

图 1.4 人体阻抗等效电路图

Z_T—总阻抗；Z_i—体内阻抗；Z_{S1}，Z_{S2}—皮肤阻抗

（1）组成特征。

人体各部位的电阻率按照依次降低的顺序排列如下：皮肤、脂肪、骨骼、神经、肌肉、血液。其中，皮肤阻抗在人体阻抗中占有最大的比例。

① 皮肤阻抗。

皮肤由外层的表皮和表皮下面的真皮组成。皮肤阻抗是指表皮阻抗，即皮肤上电极与真皮之间的电阻抗。

皮肤阻抗值与接触电压、电流幅值、电流持续时间、电流频率、接触面积、施加压力、皮肤潮湿程度、皮肤的温度和种类等因素有关。在工频条件下，可以将皮肤阻抗值看作纯电阻量，电容量可以忽略不计。

皮肤阻抗受接触面积、温度、皮肤潮湿程度、呼吸急促程度等因素的影响，有显著的变化，其值比较高。当接触电压在 50~100 V 时，皮肤阻抗明显下降；当皮肤被击穿或破损时，其阻抗可以忽略不计；当电流频率升高时，皮肤阻抗随之降低；当皮肤潮湿、出汗、带有导电的化学物质和金属尘埃及遭到破坏时，人体电阻急剧下降，如表 1.3 所列。因此，人们不应用潮湿或有汗、有污渍的手去操作电气装置。

表 1.3　皮肤在不同状况下的人体电阻

接触电压/V	人体电阻/Ω			
	皮肤干燥	皮肤潮湿	皮肤湿润	皮肤浸入水中
10	7000	3500	1200	600
25	5000	2500	1000	500
50	4000	2000	875	440
100	3000	1500	770	375
250	1500	1000	650	325

② 体内阻抗。

体内阻抗是除去表皮之后的人体阻抗，其存在的电容较小，可以忽略不计。因此，体内阻抗基本上可以视为纯电阻。

体内阻抗主要决定于电流途径，与接触面积的关系较小。人体不同部位的体内阻抗值如图 1.5(a)所示，它是以人的单手到单脚途径的阻抗百分数来表示的。要计算某一途径的体内阻抗，将该电流途径上所有的人体部位的阻抗值相加即可。当电流途径为手—手或单手—双脚时，体内阻抗主要在四肢上，可略去人体躯干部分的阻抗，如图1.5(b)所示。图 1.5(b)中，Z_{ip} 表示一个肢体部分的体内阻抗。

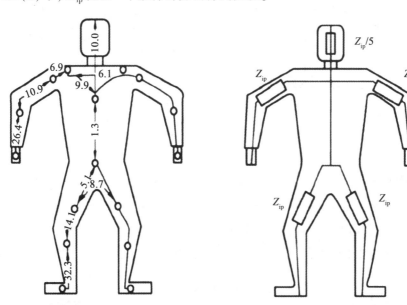

（a）人体不同部位的体内阻抗值（单位：Ω）　　（b）人体体内阻抗简化电路图

图 1.5　人体体内阻抗值

（2）人体电阻数值及变动范围。

在研究人体阻抗时，人们通常在除去角质层的情况下进行计算。即通常在干燥情况下，人体电阻为 1000~3000 Ω；在潮湿情况下，人体电阻为 500~800 Ω。

（3）影响因素。

接触电压增大、电流强度及作用时间增大、电流频率提高等因素，都会导致人体阻抗下降。皮肤表面潮湿、有导电污物、有伤痕及破损等，也会导致人体阻抗降低。接触压力、接触面积的增大均会降低人体阻抗。

1.1.1.4　电击类型

（1）按照带电体带电状态分类。

根据电击时所触及的带电体是否为正常带电状态，可将电击分为直接接触电击和间接接触电击。

① 直接接触电击。

直接接触电击是指电气设备或线路在正常运行条件下，人体直接触及设备或线路的带电部分形成的电击，如图 1.6(a)所示。

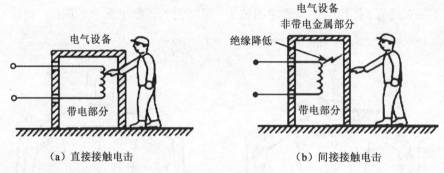

（a）直接接触电击　　　　　（b）间接接触电击

图 1.6　电击类型

② 间接接触电击。

间接接触电击是指电气设备或线路在故障状态下，不带电的设备外露可导电部分或设备以外的可导电部分变为带电状态形成的电击，如图 1.6(b)所示。

（2）按照人体触及带电体的方式分类。

根据人体触及带电体的方式不同，可将电击分为单相电击、两相电击和跨步电压电击。

① 单相电击。

单相电击又称单线电击，是指人体接触到导电性地面或其他接地导体，同时人体另一部位触及某一相带电体所引起的电击，如图 1.7(a)所示。触电事故中，70%以上为单相电击。其危险程度与带电体电压、人体电阻、地面状况等因素有关。

（a）单相电击　　　　　　（b）两相电击　　　　　　（c）跨步电压电击

图 1.7　电击示意图

② 两相电击。

两相电击又称两线电击，是指在不接地状态下，人体的两个部位同时触及两相带电体所引起的电击，如图 1.7（b）所示。在两相电击过程中，人体承受的电压为线路电压。其危险程度取决于接触电压和人体电阻。

③ 跨步电压电击。

跨步电压电击是指人体进入地面带电的区域时，站立或行走的人体受到出现于人体两脚之间的电压（即跨步电压）作用所引起的电击，如图 1.7（c）所示。

故障接地点附近、有大电流流过的接地装置附近、防雷接地装置附近，以及可能落雷的高大树木或高大设施所在的地面，均可能发生跨步电压电击。

1.1.2　电伤

电伤是指电流的热效应、化学效应、机械效应及电流本身作用造成的人体伤害。

电伤会在人体皮肤表面留下明显的伤痕。按照电流转换成作用于人体的能量的不同形式，可将其分为电烧伤、电烙印、皮肤金属化、电气机械性伤害、电光性眼炎等类型。电伤是电击产生的伤害结果。电伤的危险程度取决于受伤面积、受伤深度、受伤部位等。

1.1.2.1　电烧伤

按照电流是否直接作用于人体，将电烧伤分为电流灼伤和电弧烧伤两种。

（1）电流灼伤。

电流灼伤是指人体与带电体接触，电流通过人体时，因电能转换成热能引起的伤害。

皮肤的灼伤要比体内的灼伤更为严重，主要原因是皮肤电阻较高和接触面积较小。当电流越大、通电时间越长、电流途径上的电阻越大时，灼伤越严重。电流灼伤一般发生在低压电气设备中，数百毫安的电流即可造成灼伤。

（2）电弧烧伤。

电弧烧伤是由弧光放电引起的烧伤。当弧光放电时，电流很大，能量也很大，电弧温度高达数千摄氏度，可造成大面积的深度烧伤。情况严重时，能将机体组织烘干、烧焦。因此，弧光放电被视为最严重的电伤。

电弧烧伤可分为直接电弧烧伤和间接电弧烧伤两种。

① 直接电弧烧伤是指电弧发生在带电体与人体之间，有电流通过人体的烧伤。

② 间接电弧烧伤是指电弧温度可达 8000 ℃，当电弧发生在人体附近时，对人体形成的烧伤及被熔化金属溅落的烫伤。

在低压电力系统中，直接电弧烧伤主要表现为带负荷拉开裸露闸刀开关时产生的电弧烧伤操作者的手部和面部；间接电弧烧伤主要表现为线路短路、开启式熔断器熔断炽热的金属微粒飞溅、误操作等。

在高压电力系统中，直接电弧烧伤主要表现为人体过分接近带电体，使二者间距小于放电距离，从而产生强烈的电弧；间接电弧烧伤主要表现为误操作、产生强烈的电弧、造成严重的烧伤等。

1.1.2.2　电烙印

电烙印是指电流通过人体后，在皮肤表面接触部位留下与接触带电体形状相似的永久性斑痕，如同烙印。通常，斑痕处皮肤呈现硬变、表层坏死、失去知觉状态。

1.1.2.3　皮肤金属化

皮肤金属化是高温电弧使周围金属熔化、蒸发，并飞溅渗透到皮肤表层内部造成的。受伤部位呈现粗糙、张紧状态，可致局部坏死。

1.1.2.4　电气机械性伤害

多数电气机械性伤害是电流作用于人体，使肌肉产生非自主的剧烈收缩造成的。其损伤包括肌腱、皮肤、血管、神经组织断裂及关节脱位乃至骨折等。

1.1.2.5　电光性眼炎

电光性眼炎简称电光眼。它是发生在弧光放电时，由红外线、可见光、紫外线所引起的对眼睛的伤害。其表现为角膜和结膜发炎。在短暂照射的情况下，引起电光性眼炎的主要原因是紫外线。

1.1.3　课后练习

1.1.3.1　单选题

（1）人的感知电流是指电流通过人体时，引起人有发麻感觉及轻微针刺感的最小电流。就工频电流有效值而言，人的感知电流为（　　）mA。

A.0.1~0.2　　　　　B.0.5~1.1　　　　　C.10~100　　　　　D.200~300

（2）感知电流是（　　）。

A.引起人有感觉的最小电流　　　　　　B.引起人有感觉的电流

C.引起人有感觉的最大电流　　　　　　D.不能够引起人有感觉的最大电流

（3）摆脱电流是人触电后（　　）。

A.能自行摆脱带电体的最小电流　　　　B.能自行摆脱带电体的电流

C.能自行摆脱带电体的最大电流　　　　D.不能自行摆脱带电体的最大电流

(4) 室颤电流是通过人体(　　　)。

A.引起心室发生纤维性颤动的电流

B.不能引起心室发生纤维性颤动的最小电流

C.引起心室发生纤维性颤动的最大电流

D.引起心室发生纤维性颤动的最小电流

(5) 当有电流在接地点流入地下时，电流在接地点周围土壤中产生电压降。人在接地点周围，两脚之间出现的电压称为(　　　)。

A.跨步电压　　　　B.跨步电势　　　　C.临界电压　　　　D.故障电压

(6) 当设备发生碰壳漏电时，人体接触设备金属外壳所造成的电击称为(　　　)。

A.直接接触电击　　B.间接接触电击　　C.静电电击　　　　D.非接触电击

(7) 在一般情况下，人体电阻可以按(　　　)考虑。

A.50～100 Ω　　　B.1000～3000 Ω　　C.100～500 kΩ　　D.1～5 MΩ

(8) 最危险的电流途径是(　　　)。

A.右手到后背　　　B.右手到前胸　　　C.左手到后背　　　D.左手到前胸

(9) 就平均值而言，男性的感知电流约为(　　　) mA，女性的感知电流约为(　　　) mA。

A.1.1, 0.7　　　　B.0.7, 1.1　　　　C.1.2, 0.8　　　　D.0.8, 1.2

(10) 下列有关摆脱电流的说法中，正确的是(　　　)。

A.摆脱电流是指自主摆脱带电体的最小电流

B.就平均值(可摆脱概率为50%)而言，男性摆脱电流约为10.5 mA

C.就最小值(可摆脱概率为99.5%)而言，女性摆脱电流约为9 mA

D.超过摆脱电流时，人会无法自主摆脱带电体

(11) 在电气危险因素中，电伤的伤害不包括(　　　)。

A.电烧伤　　　　　B.皮肤金属化　　　C.电光性眼炎　　　D.心脏室颤

(12) 下列关于电伤的说法中，正确的是(　　　)。

A.很小的电流就能形成电伤

B.电烧伤是最常见的电伤

C.皮肤金属化是最严重的电伤

D.在短暂照射的情况下，引起电光性眼炎的主要原因是红外线

1.1.3.2　多选题

(1) 触电事故分为电击和电伤：电击是电流直接作用于人体所造成的伤害；电伤

电流转换成热能、机械能等其他形式的能量作用于人体造成的伤害。人触电时,多数情况下同时遭到电击和电伤。电击的主要特征有( )。

A.致命电流小

B.主要伤害人的皮肤和肌肉

C.人体表面受伤都留有大面积明显的痕迹

D.受伤害的程度与电流的种类有关

E.受伤害的程度与电流的大小有关

(2)电流的热效应、化学效应、机械效应对人体的伤害有电烧伤、电烙印、皮肤金属化等多种。下列关于电流伤害的说法中,正确的有( )。

A.不到10 A的电流也可以造成灼伤

B.电弧烧伤也可能发生在低压系统中

C.短路时开启式熔断器熔断,炽热的金属微粒飞溅出来不至于造成灼伤

D.电光性眼炎表现为角膜炎

E.电流作用于人体使肌肉非自主地剧烈收缩可能产生机械伤害

(3)按照电能的形态,电气事故可划分的类型包括( )。

A.雷击事故　　　　B.电磁辐射事故　　　　C.短路事故　　　　D.静电事故

E.电气装置事故

(4)电伤事故造成的伤害有( )。

A.电烙印　　　　　　　　　　　B.皮肤表层局部坏死

C.神经组织断裂　　　　　　　　D.角膜和结膜发炎

E.心力衰竭

(5)电流的热效应、化学效应、机械效应对人体的伤害有电烧伤、电烙印、皮肤金属化等多种。下列关于电流伤害的说法中,正确的有( )。

A.电烧伤是最为常见的电伤

B.电弧烧伤既可以发生在高压系统,也可以发生在低压系统

C.电伤的危险程度取决于受伤面积、受伤程度、受伤部位等

D.电光性眼炎表现为角膜炎、结膜炎

E.电流灼伤一般发生在高压电气设备上

1.2　电气火灾和爆炸

由于电气原因形成火源而引起的火灾和爆炸称为电气火灾和爆炸。配电线、高压或低压开关电器、熔断器、插座、照明器具、电动机、电热器具等电气设备均可能引起火灾;电力电容器、电力变压器、电力电缆、多油断路器等电气装置除了可能引起火灾,本身还可能发生爆炸。

1.2.1 电气引燃源

电气火灾和电气爆炸的引燃源主要有危险温度、电火花和电弧。图1.8为电气引燃源示意图。

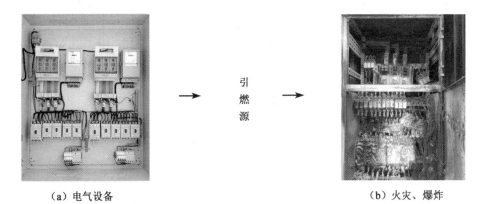

（a）电气设备　　　　　　　　　　　　　（b）火灾、爆炸

图 1.8　电气引燃源示意图

1.2.1.1　危险温度

使得电流通过导体电阻要消耗一定电能而产生的温度称为危险温度。该危险温度由内阻所做的功来表示。导体内阻产生的功的公式如下：

$$\Delta W = I^2 R t \tag{1.3}$$

式中，ΔW ——导体内阻产生的功；

$\quad\ I$ ——导体通过的电流；

$\quad\ R$ ——导体电阻；

$\quad\ t$ ——通电时间。

由此可知，导体产生的功将以温度的形式表现出来，如图1.9所示。

图 1.9　危险温度转换形式示意图

产生危险温度的典型情况有短路、过载、漏电、接触不良、铁芯过热、散热不良、机械故障、电压异常、电热器具和照明器具、电磁辐射能量等，如图1.10所示。

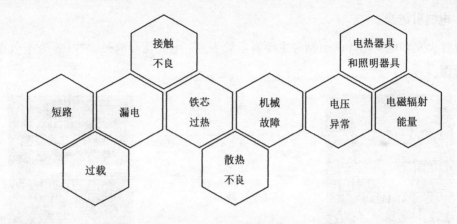

图 1.10　产生危险温度的形式

（1）短路。

短路是指电路或电路中的一部分被短接。例如，负载与电源两端被导线连接在一起，称为短路。短路时，电源提供的电流将比通路时提供的电流大得多，严重时，会烧坏电源或设备。因此，在一般情况下，不允许短路。

短路是不同电位的导电部分之间的低阻性短接，相当于电源未经过负载而直接由导线接通成闭合回路。（通常，这是一种严重而应该尽可能避免的电路故障，它会导致电路因电流过大而烧毁并发生火灾。）

短路过程中会产生很大的冲击电流，在流过设备的瞬间，产生很大的电动力，造成电气设备损坏。

发生短路的主要原因如下：

① 电气设备在安装、检修中接线和操作错误；

② 电气设备运行中线路绝缘老化、变质、受腐蚀；

③ 受机械损伤等影响失去绝缘能力；

④ 外壳防护等级不够，导电粉尘或纤维进入电气设备内部；

⑤ 因防范措施不到位，小动物、霉菌及其他植物进入电气设备内部；

⑥ 受雷击等过电压、操作过电压的作用。

（2）过载。

过载是指电气设备运行负荷过大，超过了设备本身的额定负载。其表现为电流过大、设备及线路发热量大、设备异响等。

电气线路或设备长时间过载也会导致温度异常上升，形成引燃源。

产生过载的主要原因如下：

① 电气线路或设备设计选型不合理，未考虑足够的冗余量；

② 线路或设备使用不合理，包括超过负载或连续使用、超过线路或设备设计能

量等；

③ 设备故障运行造成过负载，包括三相电动机单相运行、单相变压器不对称运行等；

④ 电气回路谐波使电流增大，包括三相四线制电路三次及其奇数倍谐波电流引起中性线过载。产生三次谐波的设备主要有节能灯、荧光灯、计算机、变频空调、微波炉、镇流器、焊接设备、UPS 电源灯。

（3）漏电。

电气设备或线路发生漏电时，因其电流一般较小，所以当漏电电流沿线路比较均匀地分布且发热量分散时，火灾危险性不大；而当漏电电流集中在某一点时，可能因其比较严重的局部发热，引燃成灾。由于漏电电流一般很小，不能促使线路上熔断器的熔丝动作，所以在一些电气线路中，要安装灵敏度适当的零序保护装置，如图 1.11 所示。

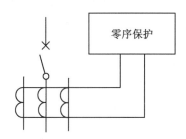

图 1.11　零序保护装置示意图

（4）接触不良。

接触不良的表现如下：电气接头连接不牢、焊接不良或接头夹有杂物，使电阻增大；刀开关、断路器、接触器的触点、插销的触头等接触压力不足或表面粗糙不平；铜、铝接头易造成接触不良。其中，电气线路或电气装置中的电路连接部位是系统中的薄弱环节，是产生危险温度的主要部位之一。

（5）铁芯过热。

当铁芯（见图 1.12）短路（片间绝缘破坏）或线圈电压过高时，涡流损耗和磁滞损耗增加，使得铁损增大，从而造成铁芯过热并产生危险温度。

图 1.12　铁芯

（6）散热不良。

电气设备在运行时，必须确保具有一定的散热或通风措施。如果这些措施失效，如通风道堵塞、风扇损坏、散热油管堵塞、安装位置不当、环境温度过高或距离外界热源太近等，均可能导致电气设备和线路过热损伤，如图1.13所示。

图 1.13　电气设备和线路过热损伤

(7)机械故障。

机械故障包括以下三种情况：由交流异步电动机拖动的设备，其转动部分被卡死或轴承损坏，造成堵转或负载转矩过大，都会因电流显著增大而导致电动机过热；交流电磁铁在通电后，如果衔铁被卡死，不能吸合，则线圈中持续通过大电流，也会造成电动机过热；由电气设备相关的机械摩擦导致的发热。

(8)电压异常。

电气设备运行时，会出现电压高于或低于设备本身的额定电压的情况。如果电压过高，除使铁芯发热增加，对于恒阻抗设备，还会使电流增大而发热；如果电压过低，除使电磁铁吸合不牢或吸合不上，对于恒功率设备，还会使电流增大而发热。

(9)电热器具和照明器具。

一些电热器具和照明器具(如电炉、电熨斗、白炽灯等设备，如图1.14所示)在正常情况下的工作温度就可能形成危险温度。

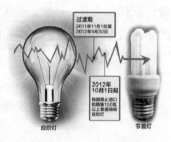

(a)电炉电阻丝(800 ℃)　　　　(b)电熨斗(500~600 ℃)　　　　(c)白炽灯丝(2000~3000 ℃)

图 1.14　电热器具和照明器具

(10)电磁辐射能量。

在连续发射或脉冲发射的射频源(9 kHz~60 GHz)作用下，可燃物吸收辐射能量可能形成危险温度。

1.2.1.2　电火花和电弧

电火花是电极间的击穿放电，大量的电火花汇集起来即构成电弧，如图1.15所示。

电弧形成后的弧柱温度可高达 6000～7000 ℃，甚至可达 10000 ℃以上。电火花和电弧不仅能引起可燃物燃烧，而且能使金属熔化、飞溅，构成二次引燃源。

图 1.15　电火花和电弧

电火花和电弧可以分为以下两种。

（1）工作电火花和电弧。

电气设备正常工作或正常操作过程中产生的电火花和电弧称为工作电火花和电弧。其一般产生于以下情况中：刀开关、断路器、接触器、控制器接通和断开线路时；插销拔出或插入时；直流电动机的电刷与换向器的滑动接触处；绕线式异步电动机的电刷与滑环的滑动接触处；等等。

（2）事故电火花和电弧。

线路或设备发生故障时产生的电火花和电弧称为事故电火花和电弧。其一般产生于以下情况中：绝缘损坏、导线断线、连接松动导致短路或接地时；电路发生故障，熔丝熔断时；沿绝缘表面发生的闪络；外部原因产生的雷电直接放电及二次放电、静电、电磁感应火花。线路和设备投切过程受感性和容性负荷影响，可能产生铁磁谐振和高次谐波，引起过电压，造成绝缘被击穿，从而产生电弧。

除上述两种电火花，还存在一种机械性质火花，如电动机扫膛或风扇与其他部件碰撞产生的火花。

1.2.2　课后练习

单选题

电火花是电极间的击穿放电，大量的电火花汇集起来即构成电弧。电弧的引燃能力很强，在通常情况下，电弧的温度可高达(　　　)℃。

A.170～220　　　　B.500～600　　　　C.2000～3000　　　　D.6000～7000

1.3　电气装置及电气线路发生燃爆

电气装置及电气线路发生燃爆主要包括油浸式变压器火灾爆炸、电动机着火和电缆火灾爆炸等，如图 1.16 所示。

（a）油浸式变压器火灾爆炸　　　（b）电动机着火　　　　（c）电缆火灾爆炸

图 1.16　电气装置及电气线路发生爆炸

1.3.1　油浸式变压器火灾爆炸

　　油浸式变压器（如图 1.17 所示）为变电站的重要组件，一般安装在单独的变压器室内，以油作为冷却介质，如油浸自冷、油浸风冷、油浸水冷及强迫油循环等。

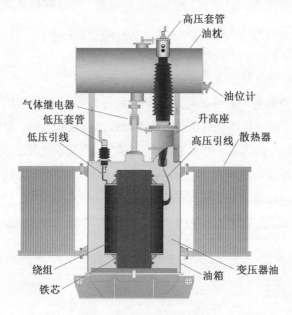

图 1.17　油浸式变压器结构图

　　一般升压站的主变压器都是油浸式变压器，它的变比为 20 kV/500 kV 或 20 kV/220 kV；一般发电厂用于带动带自身负载（如磨煤机、引风机、送风机、循环水泵等）的厂用变压器也是油浸式变压器，它的变比为 20 kV/6 kV。

　　变压器油箱内充有大量的用于散热、绝缘、防止内部元件和材料老化及内部发生故障时熄灭电弧的绝缘油。

　　油浸式变压器发生火灾爆炸的主要原因是变压器油的闪点为 130~140 ℃，当充油设备的绝缘油在高温电弧作用下汽化分解产生油雾和可燃气体引起爆炸时，气体累积压力增大乃至炸裂喷油。

1.3.2 电动机着火

异步电动机又称感应电动机,是由气隙旋转磁场与转子绕组感应电流相互作用产生电磁转矩,从而实现机电能量转换为机械能量的一种交流电机。异步电动机主要由定子、转子、气隙组成。

制造工艺和操作运行过程中出现的电源电压波动、频率过低、过载、堵转、扫膛、绝缘破坏、相间、匝间短路、绕组断线或接触不良、选型和启动方式不当等现象,是电动机着火的主要原因。

综合电气和机械两方面原因,异步电动机主要引燃部分包括绕组、铁芯、轴承、引线等。例如,三相异步电动机单相运行时,电动机绕组中的电流会明显上升,但又达不到保护电动机的熔断器的熔断电流,使得大电流长时间作用,引起定子绕组过热,导致电动机烧毁。

1.3.3 电缆火灾爆炸

当导线电缆发生短路、过载、局部过热、电火花或电弧等故障状态时,所产生的热量将远远超过正常状态产生的热量,此时将可能产生电缆火灾爆炸。在这一过程中,电缆火灾爆炸点将沿着电缆线路蔓延,对其他设备产生危害。

电缆火灾爆炸主要有以下几种典型案例:绝缘材料直接被电火花或电弧引燃,绝缘材料在高温作用下发生自燃,绝缘材料在高温作用下加速了热老化进程。

1.3.3.1 电缆绝缘损坏

电缆在运输或敷设过程中的机械损伤,运行过程中的过载、接触不良、短路故障,等等,都会使其绝缘损坏(见图 1.18),导致绝缘被击穿而产生电弧。

图 1.18 电缆绝缘破损

1.3.3.2 电缆头故障使绝缘物自燃

施工不规范、施工质量差、电缆头不清洁等降低了线间绝缘。图 1.19 为不规范施工与规范施工对比。

 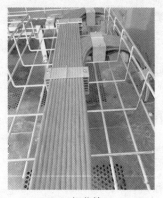

（a）不规范施工　　　　　　　　（b）规范施工

图 1.19　不规范施工与规范施工对比

1.3.3.3　电缆接头存在隐患

电缆接头（见图 1.20）存在的隐患包括：电缆中间接头因压接不紧、焊接不良和接头材料选择不当，导致运行过程中接头氧化、发热、流胶；绝缘剂质量不合格、灌注时盒内存有空气、电缆盒密封不好、进入水或潮气等，都会引起绝缘被击穿，形成短路而发生爆炸。

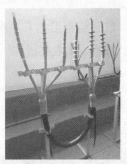

图 1.20　电缆接头

1.3.3.4　堆积在电缆上的粉尘起火

若不清扫电缆上的积粉（见图 1.21），在外界高温或电缆过负荷时，可燃性粉尘在电缆表面的高温作用下，易发生自燃起火。

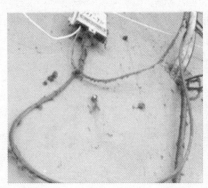 

图 1.21　电缆粉尘积累

1.3.3.5　可燃气体从电缆沟窜入变、配电室

电缆沟(见图1.22)与变、配电室的连通处未采取严密封堵措施,可燃气体通过电缆沟窜入变、配电室,引起火灾爆炸事故。

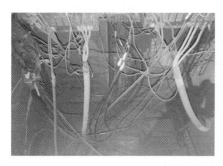

图1.22　电缆沟

1.3.3.6　电缆起火形成蔓延

一旦电缆受外界引燃源作用起火(如图1.23所示),火焰会沿电缆延燃,使危害扩大。电缆在着火的同时,会产生有毒气体,对在场人员造成威胁。

图1.23　电缆起火

1.3.4　课后练习

1.3.4.1　单选题

(1)电气装置运行时产生的危险温度和电火花(含电弧)是引发电气火灾的两大类原因,电火花的温度高达数千摄氏度,是十分危险的引燃源。下列常用低压电器中,正常运行和正常操作时不会在空气中产生电火花的是(　　)。

A.螺塞式熔断器　　　　　　　　B.交流接触器

C.低压断路器　　　　　　　　　D.控制按钮

(2)油浸纸绝缘电缆是火灾危险性比较大的电气装置。电缆起火的原因分为外部原因和内部原因。下列电缆起火的原因中,属于外部原因的是(　　)。

A.电缆终端头密封不良,受潮后发生击穿短路

B.电缆终端头端子连接松动,打火放电

C.破土动工时破坏电缆并使其短路

D.电缆严重过载，发热量剧增，引燃表面积尘

1.3.4.2 多选题

(1) 由电气引燃源引起的火灾和爆炸在火灾、爆炸事故中占有很大的比例，电气设备在异常状态下的危险温度和电弧(包括电火花)都可能引起火灾，甚至直接引起爆炸。下列电气设备的异常状态中，可能产生危险温度的是(　　)。

A.线圈发生短路　　　　　　　B.集中在某一点发生漏电

C.电源电压过低　　　　　　　D.在额定状态下长时间运行

E.在额定状态下间歇运行

(2) 电气装置运行过程中的危险温度、电火花和电弧是导致电气火灾爆炸的重要因素。下列关于电气引燃源的说法中，正确的有(　　)。

A.变压器、电动机等电气设备铁芯涡流损耗异常增加，将造成铁芯温度升高，产生危险温度

B.短路电流流过电气设备时，主要产生很大的电动力，易造成设备损坏，但不会产生危险温度

C.三相四线制电路中，节能灯、微波炉、电焊机等电气设备产生的三次谐波容易造成中性线过载，带来火灾隐患

D.铜、铝接头经过长期带电运行，接触状态会逐渐恶化，导致接头过热，形成引燃源

E.雷电过电压、操作过电压会击穿电气设备绝缘，并产生电弧

(3) 火灾事故统计数据结果表明，由电气原因引起的火灾事故数目仅次于一般明火，占第二位。电气火灾的直接原因是电气装置的危险温度、电火花及电弧。下列选项中，能使电气装置产生危险温度的有(　　)。

A.电线短路　　　B.接触不良　　　C.严重过载　　　D.散热障碍

E.电暖器

1.4　射频电磁场危害和电气装置故障危害

1.4.1　射频电磁场危害

射频指无线电波的频率或相应的电磁振荡频率，泛指 100 kHz 以上的频率。射频伤害是由电磁场的能量造成的。

射频电磁场的主要危害有以下两个方面。

(1)在射频电磁场作用下，人体因吸收辐射能量而受到不同程度的伤害，主要包括：中枢神经系统机能障碍；神经衰弱综合征；植物神经紊乱，心率或血压异常；眼睛损伤，晶体混浊，导致白内障；暂时或永久不育症，后代遗传病症；皮肤表层灼伤或深度灼伤；等等。

(2)在高强度射频电磁场作用下，会产生感应放电，造成电引爆器件发生意外；当感应电压较高时，会给人以明显的电击。

1.4.2　电气装置故障危害

电气装置故障危害是由于电能或控制信息在传递、分配、转换过程中失去控制而产生的。断路、短路、异常接地、漏电、误合闸、误掉闸、电气设备或电气元件损坏、电子设备受电磁干扰而发生误动作、控制系统硬件或软件的偶然失效等都属于电气装置故障。

1.4.2.1　主要危害

在一定条件(危险温度、电火花、电弧)下，电气装置故障会引发或转化为造成人员伤亡及重大财产损失的事故，如引起火灾和爆炸、装置异常带电和异常停电等。

电气装置故障及主要危害情况有以下四种：

(1)电气设备因绝缘不良产生漏电，使其金属外壳带电；

(2)高压故障接地时，在接地处附近呈现出较高的跨步电压，形成触电的危险条件；

(3)在某些特定场合，异常停电会造成设备损坏和人身伤亡；

(4)正在浇注钢水的吊车因骤然停电而失控，导致钢水洒出，引起人身伤亡事故，造成巨大的经济损失。

1.4.2.2　安全相关系统失效

在过程工业(如石化、化工等)领域，基于电气、电子、可编程电子技术的安全相关系统[如紧急刹车(ESD)系统]，用于对过程工业实施安全关键控制。如果因故障，安全相关系统在需要应急动作时不能实现所要求的安全功能，将会导致危险事故发生。

1.4.3　课后练习

单选题

射频指无线电波的频率或者相应的电磁振荡频率，泛指(　　　　)kHz 以上的频率。

A.50　　　　　　　B.70　　　　　　　C.100　　　　　　　D.120

第2章　触电防护技术

所有电气装置都必须具备防止电击危害的直接接触防护和间接接触防护，包括直接接触电击防护措施、间接接触电击防护措施、兼防直接接触电击和间接接触电击的措施。

2.1　直接接触电击防护措施

直接接触电击的基本保护原则是：应当使危险的带电部分不会被有意或无意地触及。绝缘、屏护、间距是直接接触电击的基本防护措施。其主要作用是防止人体触及和过分接近带电体造成触电事故，以及防止短路、故障接地等电气事故。

2.1.1　绝缘

绝缘是利用绝缘材料对带电体进行封闭和隔离来保证电气系统正常运行的基本条件。绝缘材料如图2.1所示。

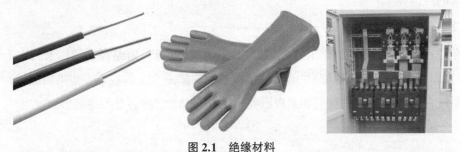

图2.1　绝缘材料

2.1.1.1　绝缘材料的电气性能

绝缘材料的导电能力很小（但并非绝对不导电），其作用是对带电的或不同电位的导体进行隔离，使电流按照线路方向流动。工程用绝缘材料的电阻率一般都不小于107 Ω·m。绝缘材料一般分为气体绝缘材料、液体绝缘材料和固体绝缘材料。

（1）气体绝缘材料。

通常情况下，常温常压下的干燥气体均有良好的绝缘性能。作为绝缘材料的气体电介质，还需要满足物理、化学性能及经济性方面的要求。空气及六氟化硫气体是常用的气体绝缘材料。常用的气体绝缘设备如图2.2所示。

图 2.2　常用的气体绝缘设备

（2）液体绝缘材料。

液体绝缘材料是用以隔绝不同电位导电体的液体，又称绝缘油。它主要取代气体绝缘材料，填充固体材料内部或极间的空隙，以提高其介电性能，并改进设备的散热能力。例如，在油浸纸绝缘电力电缆中，液体绝缘材料不仅能够显著地提高绝缘性能，而且能够增强散热作用；在电容器中，能够提高其介电性能，增大单位体积的储能量；在开关中，除绝缘作用外，还能够起灭弧作用。

其他液体绝缘材料包括绝缘矿物油、蓖麻油、十二烷基苯、聚丁二烯、硅油、三氯联苯等合成油。

（3）固体绝缘材料。

固体绝缘材料是用以隔绝不同电位导电体的固体。一般要求固体绝缘材料兼具支撑作用。与气体绝缘材料、液体绝缘材料相比，固体绝缘材料由于密度较高，因而击穿强度也高得多，这对减少绝缘厚度有重要意义。主要固体绝缘材料有树脂绝缘漆、绝缘云母制品、玻璃、陶瓷、电工塑料和橡胶等。固体绝缘材料如图 2.3 所示。

图 2.3　固体绝缘材料

2.1.1.2　绝缘耐热分级和极限温度

绝缘材料的绝缘性能与温度有密切的关系。温度越高，绝缘材料的绝缘性能越差。为保证绝缘强度，每种绝缘材料都有一个适当的最高允许工作温度，在此温度下，可以长期安全地使用，超过这个温度就会迅速老化。按照耐热程度，把绝缘材料分为 Y，A，

E，B，F，H，C 等级别（见表 2.1）。例如，A 级绝缘材料的最高允许工作温度为 105 ℃，一般使用的变电变压器、电动机中的绝缘材料大多属于 A 级。

表 2.1   几种常用绝缘材料的结构特点、耐热等级及最高允许工作温度

耐热等级	最高允许工作温度/℃	常用绝缘材料的结构特点
Y	90	由未浸渍过的棉纱、丝及纸等材料或其组合物所组成的绝缘结构
A	105	由浸渍过的材料（如变压器油中的棉纱、丝及纸等）或其组合物所组成的绝缘结构或液体电介质
E	120	由合成有机薄膜、合成有机瓷漆等材料或其组合物所组成的绝缘结构
B	130	由合适的树脂黏合或浸渍、涂覆后的云母、玻璃纤维、石棉等，以及其他无机材料、合适的有机材料或其组合物所组成的绝缘结构
F	155	由合适的树脂黏合或浸渍、涂覆后的云母、玻璃纤维、石棉等，以及其他无机材料、合适的有机材料或其组合物所组成的绝缘结构
H	180	由合适的树脂（如有机硅树脂）黏合或浸渍后的云母、玻璃纤维、石棉等材料或其组合物所组成的绝缘结构
C	>180	由合适的树脂黏合或浸渍后的云母、玻璃纤维及未经浸渍处理的云母、陶瓷、石英等材料或其组合物所组成的绝缘结构

2.1.1.3   绝缘检测和绝缘试验

绝缘检测和绝缘试验主要是针对绝缘材料的绝缘电阻来检测和试验的。因为绝缘电阻是衡量绝缘性优劣的最基本指标。

（1）绝缘电阻测量。

通常采用如图 2.4 所示的兆欧表（摇表）测量电阻。测量时，实际上是给被测物加上直流电压，测量其通过的泄漏电流，在表的盘面上读到的是经过换算的绝缘电阻值。

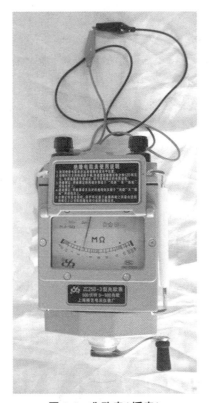

图 2.4　兆欧表(摇表)

（2）绝缘电阻指标。

绝缘电阻指标要求如下：高压较低压要求高，新设备较老设备要求高，室外设备较室内设备要求高，移动设备较固定设备要求高，等等。

在任何情况下，绝缘电阻不得低于每伏工作电压 1000 Ω，并应符合专业标准规定。

2.1.2　屏护

屏护是一种对电击危险因素进行隔离的手段，即采用遮栏、护罩、护盖、箱匣等把危险的带电体同外界隔离开来，以防止人体触及或接近带电体所引起的触电事故。屏护还起到防止电弧伤人、弧光短路或便利检修工作的作用。

2.1.2.1　屏护装置须满足的条件

屏护装置所用材料应有足够的机械强度和良好的耐火性能。为防止因意外带电而造成触电事故，对金属材料制成的屏护装置必须可靠连接保护线。

2.1.2.2　遮栏和栅栏的要求

（1）遮栏[如图 2.5(a)所示]。

① 遮栏高度不应低于 1.7 m。

② 下部边缘离地不应超过 0.1 m。

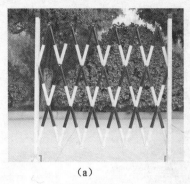

（a）　　　　　　　　　　　　（b）

图 2.5　遮栏和栅栏

（2）栅栏［如图 2.5（b）所示］。

① 户内高度不应小于 1.2 m，户外高度不应小于 1.5 m。

② 栏条间距离不应大于 0.2 m。

③ 低压设备中，遮栏与裸导体之间的距离不应小于 0.8 m。

④ 户外变配电装置围墙的高度一般不应小于 2.5 m。

（3）遮栏、栅栏等屏护装置上应有"止步，高压危险！"等标志，如图 2.6 所示。

图 2.6　警示标志

（4）必要时，应配合采用声光报警装置（见图 2.7）和联锁装置。

图 2.7　声光报警装置

2.1.3　间距

间距是指带电体与地面之间、带电体与其他设备和设施之间、带电体与带电体之间必要的安全距离。

安全距离要根据设备电压等级、设备类型、安装方式、周围环境等因素设定。

2.1.3.1 间距的作用

（1）防止人体触及或接近带电体造成触电事故。

（2）避免车辆或其他器具碰撞或过分接近带电体造成事故。

（3）防止火灾、过压放电及各种短路事故，并且方便操作。

2.1.3.2 线路间距

线路间距是指导线与地面或水面的距离（最大驰度时）。表 2.2 所列为导线与地面或水面的最小距离。

表 2.2　导线与地面或水面的最小距离

单位：m

线路经过地区	线路电压		
	≤1 kV	1~10 kV	35 kV
居民区	6	6.5	7
非居民区	5	5.5	6
不能通航或浮运的河、湖（冬季水面）	5	5	—
不能通航或浮运的河、湖（50 年一遇的洪水水面）	3	3	—
交通困难地区	4	4.5	5
步行可以达到的山坡	3	4.5	5
步行不可以达到的山坡或岩石	1	1.5	3

在未经许可的情况下，架空线路不得跨越建筑物。架空线路如果想跨越建筑物，需要相关电力部门出具许可证明方可实施。

架空线路与有爆炸、火灾危险的厂房之间应保持必要的防火间距，且不应跨越具有可燃材料屋顶的建筑物。

2.1.3.3 设备间距

（1）配电箱间距要求。

① 明装的车间低压配电箱底口距地面的高度可取 1.2 m，暗装的可取 1.4 m。

② 明装电度表板底口距地面的高度可取 1.8 m。

（2）开关间距要求。

① 常用开关电器的安装高度为 1.3~1.5 m。

② 开关手柄与建筑物之间应保留 0.15 m 的距离。

③ 墙用平开关离地面高度可取 1.4 m。

④ 明装插座离地面高度可取 1.3~1.8 m，暗装的可取 0.2~0.3 m。

（3）灯具间距要求。

① 室内灯具高度应大于 2.5 m；受实际条件约束达不到上述要求时，可减为 2.2 m；当高度低于 2.2 m 时，应采取适当的安全措施。

② 当灯具位于桌面上方等人碰不到的地方时，高度可减为 1.5 m。

③ 户外灯具高度应大于 3 m，安装在墙上的灯具高度可减为 2.5 m。

（4）起重机具间距要求。

起重机具至线路导线间的最小距离要求：1 kV 及以下不应小于 1.5 m，10 kV 及以上不应小于 2 m。

（5）检修间距。

① 低压操作：人体及携带工具与带电体之间的距离不得小于 0.1 m。

② 高压作业：高压作业的最小距离如表 2.3 所列。

表 2.3　高压作业的最小距离　　　　　　　　　　　　　　单位：m

类别	电压等级	
	10 kV	35 kV
无遮栏作业，人体及携带工具与带电体之间	0.7	1.0
无遮栏作业，人体及携带工具与带电体之间，用绝缘杆操作	0.4	0.6
线路作业，人体及携带工具与带电体之间	1.0	2.5
带电水冲洗，小型喷嘴与带电体之间	0.4	0.6
喷灯或气焊火焰与带电体之间	1.5	3.0

2.1.4　课后练习

单选题

（1）绝缘是预防直接接触电击的基本措施之一，因此，必须定期检查电气设备的绝缘状态并测量绝缘电阻。电气设备的绝缘电阻除符合专业标准外，工作电压为 380 V 的设备，在任何情况下，绝缘电阻均不得低于（　　）Ω。

A.380　　　　　　　B.3800　　　　　　　C.$3.8×10^4$　　　　　　D.$3.8×10^5$

（2）良好的绝缘是保证电气设备安全运行的重要条件。各种电气设备的绝缘电阻必须定期试验。下列几种仪表中，可用于测量绝缘电阻的仪表是（　　）。

A.接地电阻测量仪　　　　　　B.模拟式万用表

C.兆欧表　　　　　　　　　　D.数字式万用表

（3）从防止触电的角度来说，绝缘、屏护和间距是防止（　　）的基本防护措施。

A.电磁场伤害　　　　　　　　B.间接接触电击

C.静电电击　　　　　　　　　D.直接接触电击

(4) 保持安全间距是一项重要的电气安全措施。在 10 kV 无遮栏作业中，人体及携带工具与带电体之间的最小距离为(　　) m。

A.0.7　　　　　　B.0.5　　　　　　C.0.35　　　　　　D.1

(5) 工程上应用的绝缘材料的电阻率一般都不低于(　　)Ω·m。

A.100　　　　　　B.105　　　　　　C.107　　　　　　D.110

(6) 下列关于直接接触电击防护的说法中，正确的是(　　)。

A.耐热分级为 A 级的绝缘材料，应使用极限温度高于 B 级的绝缘材料

B.屏护遮栏下边缘离地不大于 0.5 m

C.检修低压线路时，所携带的工具与带电体之间间隔不小于 0.1 m

D.起重机械金属部分离 380 V 电力线的间距大于 1 m 即可

2.2　间接接触电击防护措施

间接接触电击是指电气设备出现故障(如漏电)时发生的电击。间接接触电击防护技术是指利用不同的电力接线系统来保护人体，以及在人体接触带电设备或故障带电设备金属外壳时的保护解决方案。

保护接地、保护接零、加强绝缘、电气隔离、不导电环境、等电位联结、漏电保护等都是间接接触电击防护措施。

防止间接接触电击的电力系统分为 IT 系统、TT 系统和 TN 系统。

2.2.1　IT 系统

IT 系统又称作保护接地系统。其中，第一个大写英文字母 I 表示电源变压器中性点不接地(或通过高阻抗接地)；第二个大写英文字母 T 表示电气设备的外壳直接接地，但和电网的接地系统没有联系。

IT 系统的安全工作原理是通过低电阻接地，把故障电压限制在安全范围内，但漏电状态并未因保护接地而消失。IT 系统示意图如图 2.8 所示。

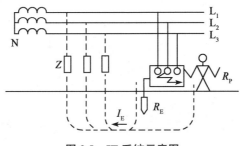

图 2.8　IT 系统示意图

2.2.1.1　IT 系统特点

低电阻接地，限制故障电压，漏电状态并未因保护接地而消失(不断电)。

2.2.1.2　IT 系统适用范围

IT 系统适用于各种不接地配电网，如煤矿井下、手术室、1~10 kV 配电网等。

2.2.1.3　IT 系统接地要求

在 380 V 不接地的低压系统中，一般要求保护接地电阻为 $R_E \leq 4$ Ω。当配电变压器或发电机的容量不超过 100 kV·A 时，要求 $R_E \leq 10$ Ω。

在不接地的 10 kV 配电电网中，如果高压设备与低压设备共用接地装置，要求接地电阻不超过 10 Ω，并满足 $R_E \leq \dfrac{120}{I_E}$（$I_E$ 为接地电流）。

2.2.2　TT 系统

TT 系统也称为工作接地系统。其中，电源中性点是直接接地，接地电阻（R_N）称作工作接地电阻，中性点引出的导线称作中性线（也称作工作零线）。TT 系统的第一个大写英文字母 T 表示配电网直接接地，第二个大写英文字母 T 表示电气设备外壳接地。TT 系统示意图如图 2.9 所示。

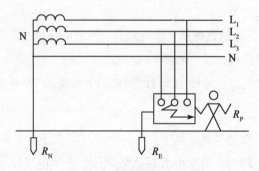

图 2.9　TT 系统示意图

2.2.2.1　TT 系统特点

（1）接地电阻（R_E）可以大幅度降低漏电设备的故障电压，降低触电危险，但单凭 R_E 一般不能将故障电压降到安全范围内。

（2）故障回路串联有 R_E 和 R_N，故障电流不会很大，不足以使保护电器动作，故障电路不能迅速切断（不跳闸、不断电），所以必须装设剩余电流动作保护装置或过电流保护装置。

2.2.2.2　TT 系统适用范围

TT 系统主要用于三相四线制低压用户，即用于未装备配电变压器、从外面引进低压电源的小型用户。

2.2.3　TN 系统

TN 系统也称为保护接零系统。其中，第一个大写英文字母 T 表示配电网直接接地；

第二个大写英文字母 N 表示正常情况下，电气设备不带电金属部分与中性点直接相连。PE 线是保护零线，R_S 称作重复接地。TN 系统示意图如图 2.10 所示。

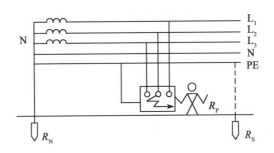

图 2.10　TN 系统示意图

2.2.3.1　TN 系统特点

当某相带电部分碰连设备外壳时，TN 系统形成该相对零线（PE 线）的单相短路，短路电流促使线路上的短路保护元件迅速动作，切断电源；也能降低漏电设备上的故障电压，但一般不能降低到安全范围以内，其首要的安全作用是迅速切断电源。

2.2.3.2　TN 系统适用范围

TN 系统适用于用户装配变压器且低压中性点直接接地的 220 V 或 380 V 的三相四线制配电网。

2.2.3.3　TN 系统分类

电力系统的电源变压器的中性点接地，根据电气设备外露导电部分与系统连接的不同方式，TN 系统又可分为三类：TN-S 系统、TN-C-S 系统、TN-C 系统。

（1）TN-S 系统。

TN-S 系统中，N 线和 PE 线完全分开，如图 2.11 所示。该系统适用于工业企业，大型民用建筑，有爆炸危险、火灾危险性大及其他安全要求高的场所。

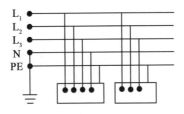

图 2.11　TN-S 系统示意图

（2）TN-C-S 系统

TN-C-S 系统由两个接地系统组成：第一部分是 TN-C 系统；第二部分是 TN-S 系统，其分界面在 N 线与 PE 线的连接点上。干线部分的前一段 PE 线与 N 线共用 PEN 线，后一段分开，如图 2.12 所示。该系统适用于厂内低压配电的场所及民用楼房。

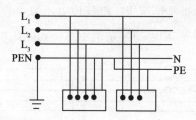

图 2.12 TN-C-S 系统示意图

（3）TN-C 系统。

TN-C 系统干线部分 PE 线与 N 线完全共用，如图 2.13 所示。该系统适用于触电危险性小、用电设备简单的场合。

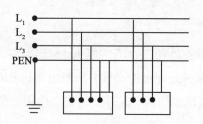

图 2.13 TN-C 系统示意图

2.2.3.4 TN 系统应注意的安全要求

（1）在 TN 系统中，除了干线部分 N 线和 PE 线可以共用外，支线部分 N 线和 PE 线不可以共用。

（2）在同一接零系统中，一般不允许部分或个别设备只接地、不接零的做法；如确有困难，当个别设备无法接零而只能接地时，则该设备必须安装剩余电流动作保护装置。这是因为当接地的设备漏电时，该接地设备及其他接零设备都可能带有危险的对地电压。

（3）重复接地合格。

重复接地指 PE 线或 PEN 线上除工作接地以外的其他点再次接地。其安全作用如下。

① 减轻 PE 线和 PEN 线断开或接触不良的危险性。

② 进一步降低漏电设备对地电压。

③ 缩短漏电故障持续时间。

④ 改善架空线路的防雷性能。

重复接地的阻值合格要求如下。

① 将电缆或架空线路引入车间或大型建筑物处，配电线路的最远端及每 1 km 处，高低压线路同杆架设时共同敷设的两端应作重复接地。每一重复接地的接地电阻不得超过 10 Ω。

② 在低压工作接地的接地电阻允许不超过 10 Ω，每一重复接地的接地电阻允许不超过 30 Ω，但不得少于 3 处。

◈ 发生对 PE 线的单相短路时，能迅速切断电源。

◈ 相线对地电压 220 V 的 TN 系统中，手持式电气设备和移动式电气设备末端线路或插座回路的短路保护元件应保证故障持续时间不超过 0.4 s。

◈ 配电线路或固定式电气设备的末端线路应保证故障持续时间不超过 5 s。

(4) 工作接地合格要求 (减轻各种过电压的危险)。

接地阻值要求是：工作接地的接地电阻一般不应超过 4 Ω；高土壤电阻率地区允许放宽至不超过 10 Ω。

2.2.3.5　PE 线和 PEN 线安装合格要求

(1) PE 线和 PEN 线上不得安装单极开关和熔断器。

(2) PE 线和 PEN 线应有防机械损伤和化学腐蚀的措施。

(3) PE 线支线不得串联，即不得用设备的外露导电部分作为保护导体的一部分。

2.2.3.6　保护导体截面面积合格要求

保护零线截面面积要求如表 2.4 所列。

表 2.4　保护零线截面面积要求

相线截面面积(S_L)/mm^2	保护零线最小截面面积(SPE)/mm^2
$S_L \leqslant 16$	S_L
$16 < S_L \leqslant 35$	16
$S_L > 35$	$S_L/2$

电缆芯线或金属护套作保护线以外的选择如表 2.5 所列。

表 2.5　保护零线截面其他选择

保护线类型	截面面积
有机械防护(PE)	$S \geqslant 2.5$ mm^2
无机械防护(PE)	$S \geqslant 4$ mm^2
铜质的 PEN 线	$S \geqslant 10$ mm^2
铝质的 PEN 线	$S \geqslant 16$ mm^2

2.2.3.7　等电位联结

等电位联结是指保护导体与建筑物的金属结构、生产用的金属装备，以及允许用作保护线的金属管道等用于其他目的的不带电导体之间的联结。等电位联结简图如图 2.14

所示。

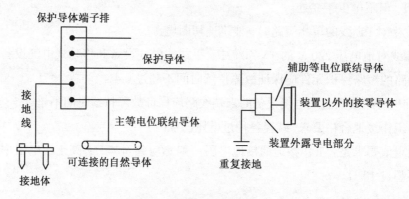

图 2.14　等电位联结简图

（1）等电位联结的作用。

① 有条件的场所应做等电位联结，以提高 TN 系统的可靠性。

② 通过构成等电位环境的方法，将环境内的接触电压和跨步电压限制在安全范围内，从而防止电气事故的发生。

③ 等电位联结也是防雷的保护措施之一。

（2）等电位联结实现的手段。

① 主等电位联结(总等电位联结)。

② 在建筑物的进线处，将 PE 干线、设备 PE 干线、进水管、采暖和空调竖管、建筑物和构筑物金属构件及其他金属管道、装置外露可导电部分等相联结。

③ 辅助等电位联结是主等电位联结的补充，即在某一局部将上述管道构件相联结。

2.2.4　课后练习

2.2.4.1　单选题

（1）某保护接地装置的接地电阻为 3 Ω，流过该接地装置的最大接地故障电流为 10 A，若接触该设备的人的人体电阻为 1000 Ω，则在故障情况下流过人体的最大电流为(　　)。

A.30 mA　　　　B.3 A　　　　　C.10 A　　　　　D.30 A

（2）低压配电及防护系统的 TN 系统就是传统的保护接零系统。TN 系统的字母 T 表示配电变压器中性点直接接地，字母 N 表示设备金属外壳经保护线(PE 线与 PEN 线)连接到配电变压器的中性点。TN 系统中的 TN-S 系统指的是(　　)系统。

A.PE 线与 N 线全部分开的保护接零

B.干线部分 PE 线与 N 线共用的保护接零

C.PE 线与 N 线前段共用、后段分开的保护接零

D.接地保护

（3）接地保护和接零保护是防止间接接触电击的基本技能措施，其类型有 IT 系统（不接地配电网、接地保护）、TT 系统（接地配电网、接地保护）、TN 系统（接地配电网、接零保护）。存在火灾爆炸危险的生产场所，必须采用（　　）系统。

A.TN-C　　　　　　B.TN-C-S　　　　　C.TN-S-C　　　　　D.TN-S

（4）保护接零的安全原理是，电气设备漏电时形成的单相短路，促使线路上的短路保护元件迅速动作，切断漏电设备的电源。因此，保护零线必须有足够的截面面积。当相线截面面积为 10 mm² 时，保护零线的截面面积不应小于（　　）mm²。

A.2.5　　　　　　　B.4　　　　　　　　C.6　　　　　　　　D.10

（5）保护接地是将电气设备故障情况下可能呈现危险电压的金属部位经接地线、接地体同大地紧密地连接起来。下列关于保护接地的说法中，正确的是（　　）。

A.保护接地的安全原理是通过高电阻接地，把故障电压限制在安全范围之内

B.保护接地防护措施可以消除电气设备漏电状态

C.保护接地不适用于所有不接地配电网

D.保护接地是防止间接接触电击的安全技术措施

（6）在间接接触电击防护措施中，保护接零系统的安全原理是（　　）。

A.限制故障电压　　　　　　　　　B.提高绝缘水平

C.限制短路电流　　　　　　　　　D.迅速切断电源

（7）电缆或架空线路引入车间或大型建筑物处，配电线路的最远端及每 1 km 处，高低压线路同杆架设时共同敷设的两端应作重复接地。每一重复接地的接地电阻不得超过（　　）Ω。

A.5　　　　　　　　　B.8　　　　　　　　C.10　　　　　　　　D.12

2.2.4.2　多选题

（1）电气设备外壳接保护线是最基本的安全措施之一。下列电气设备外壳接保护线的低压系统中，允许应用的系统有（　　）系统。

A.TN-S　　　　　　B.TN-C-S　　　　　C.TN-C　　　　　　D.TN-S-C

E.TT

（2）间接接触电击防护措施有（　　）系统。

A.IT　　　　　　　　B.IN　　　　　　　C.TT　　　　　　　D.NT

E.TN

2.3　兼防直接接触电击和间接接触电击的措施

2.3.1　双重绝缘

双重绝缘同时具备工作绝缘（基本绝缘）和保护绝缘（附加绝缘）。前者是带电体与

不可触及的导体之间的绝缘；后者是不可触及的导体与可触及的导体之间的绝缘，是当工作绝缘损坏后用于防止电击的绝缘。

2.3.1.1　电气设备的防触电保护分类

电气设备的防触电保护分为 0 类设备、Ⅰ类设备、Ⅱ类设备和Ⅲ类设备。

（1）0 类设备。

0 类设备是仅靠基本绝缘作为 0 类电气设备防间接接触电击的措施。过去，0 类设备（如没有 PE 插头的金属外壳落地电扇等）在我国应用广泛。但是由于其基本绝缘一旦失效，人体就有可能发生电击事故，所以 0 类设备已经慢慢被淘汰了。0 类设备插头如图 2.15 所示。

图 2.15　0 类设备插头

（2）Ⅰ类设备。

Ⅰ类设备是靠基本绝缘和一种安全措施（将电气设备外露可能导电的金属外壳与 PE 线连接）作为Ⅰ类电气设备防间接接触电击的措施。当电气设备基本绝缘损坏发生带电导体触碰金属设备外壳时，人接触到的电压大大降低，同时故障电流通过 PE 线返回到电源，电源侧的过电流保护电器通过检测到故障电流而自动切断电源。上述措施使得人体接触电压和人体通过电流的时间都大大降低，从而大大降低了人体触电导致死亡的危险，因此，Ⅰ类设备得到了广泛的应用。Ⅰ类设备插头如图 2.16 所示。

图 2.16　Ⅰ类设备插头

（3）Ⅱ类设备。

Ⅱ类设备是靠基本绝缘和第二层绝缘构成双重绝缘作为Ⅱ类电气设备防间接接触电击的措施。例如，目前带塑料外壳的设备都属于Ⅱ类设备。由于Ⅱ类设备的绝缘性能大大增加，降低了发生接地故障的可能性。但是由于Ⅱ类设备采用塑料外壳，它的机械强度和耐高温水平不高，因此它的设计尺寸和功率不能太大，进而限制了它的应用范围。

Ⅱ类设备及标志如图 2.17 所示。

图 2.17　Ⅱ类设备及标志

(4)Ⅲ类设备。Ⅲ类设备防间接接触电击的措施是降低设备的工作电压,采用安全特低电压进行供电,安全特低电压规定为不大于 50 V。一般来说,通过变压器(多为隔离变压器)可以将 220 V 或 380 V 的电压降为安全特低电压。Ⅲ类设备标志如图 2.18 所示。

图 2.18　Ⅲ类设备标志

2.3.1.2　双重绝缘和加强绝缘措施

双重绝缘和加强绝缘是在基本绝缘的直接接触电击防护基础上,通过结构上附加绝缘或绝缘的加强,使之具备间接接触电击防护功能的安全措施,如图 2.19 所示。

图 2.19　双重绝缘和加强绝缘措施

(1)工作绝缘。

工作绝缘是保护电气设备正常工作和防止触电的基本绝缘,位于带电体与不可触及金属之间。

(2)保护绝缘。

保护绝缘是在工作绝缘失效的情况下,可防止触电的独立绝缘(附加绝缘),位于不可触及金属和可触及金属之间。

(3)双重绝缘。

双重绝缘是兼有工作绝缘和附加绝缘的绝缘。

（4）加强绝缘。

加强绝缘是在基本绝缘的基础上进行改进，在绝缘强度和机械性能上具备与双重绝缘同等防触电能力的单一绝缘，在构成上可含一层或多层绝缘材料。

2.3.1.3 双重绝缘和加强绝缘的安全条件

双重绝缘和加强绝缘的设备绝缘电阻应满足以下安全条件。

（1）工作绝缘的绝缘电阻不得低于 2 MΩ，保护绝缘的绝缘电阻不得低于 5 MΩ，加强绝缘的绝缘电阻不得低于 7 MΩ。

（2）双重绝缘和加强绝缘标志。回字形标志作为Ⅱ类设备技术信息的一部分被标注在设备的明显位置上。

（3）手持电动工具在潮湿场所及金属构架上工作时，除选用特低电压工具外，应选用Ⅱ类设备。

2.3.2 安全电压

安全电压属于兼有直接和间接接触电击防护的安全措施。其保护原理是通过对系统中可能会作用于人体的电压进行限制，从而使触电时流过人体的电流受到抑制，将触电危险性控制在对人体没有威胁的范围内。特低电压供电设备属于Ⅲ类设备。

2.3.2.1 特低电压的区段、限值和安全电压额定值

（1）特低电压区段。

所谓特低电压区段是指如下两个范围：

① 交流（工频）：无论是相对地还是相对相之间，均不大于 50 V（有效值）；

② 直流（无纹波）：无论是极对地还是极对极之间，均不大于 120 V。

（2）安全电压额定值。

我国安全电压额定值分为 5 个等级：42，36，24，12，6 V。

选用安全电压额定值（工频有效值）时，应根据人员、适用环境和使用方式等因素确定。特低电压等级、设备及适用环境如表 2.6 所列。

表 2.6　特低电压等级、设备及适用环境

特低电压等级	设备	适用环境
42 V	手持电动工具	特别危险
36 V 或 24 V	手持照明灯	电击危险
	局部照明灯	
12 V	手持照明灯	金属容器内、特别潮湿处
6 V		水下作业

2.3.2.2　特低电压防护类型及安全条件

（1）类型。

特低电压防护类型分为特低电压（extra low voltage，ELV）和功能特低电压（functional extra low voltage，FELV）。其中，ELV 防护又包括安全特低电压（safety extra low voltage，SELV）和保护特低电压（protective extra low voltage，PELV）两种类型。但是，根据国际电工委员会相关导则中有关慎用"安全"一词的原则，上述缩写仅作为特低电压防护类型的表示，而不再有原缩写的含义，即不能认为仅采用了"安全"特低电压电源就能防止电击事故的发生。因为只有同时符合规定的条件和防护措施，系统才是安全的。

特低电压防护类型（SELV，PELV，FELV）的特点如下。

① SELV，只作为不接地系统的安全特低电压用的防护。

② PELV，只作为保护接地系统的安全特低电压用的防护。

③ FELV，由于功能上的原因（非电击防护目的），应用于特低电压，但不能满足或没有必要满足 SELV 和 PELV 的所有条件。FELV 防护是在这种前提下，补充规定了某些直接接触电击和间接接触电击防护措施的一种防护。

上述三种特低电压防护类型中，SELV 的应用最广。

（2）安全条件。

要达到兼有直接接触电击防护和间接接触电击防护的要求，必须满足以下条件。

① 线路或设备的标准电压不超过标准所规定的安全特低电压值。

② SELV 和 PELV 必须满足安全电源、回路配置和各自的特殊要求。

③ FELV 必须满足其辅助要求。

2.3.3　剩余电流动作保护（漏电保护）

剩余电流动作保护是指利用剩余电流动作保护装置来防止电气事故的一种安全技术措施，主要用于防止人身电击、防止因接地故障引起的火灾和监测一相接地故障。电子式漏电保护断路器（小型）如图 2.20 所示。

图 2.20　电子式漏电保护断路器（小型）

2.3.3.1　主要功能

提供间接接触电击防护，额定剩余动作电流一般选用不大于 30 mA 的剩余电流动作保护装置。在其他保护措施失效时，也可作为直接接触电击的补充保护，但不能作为基本的保护措施。

2.3.3.2 剩余电流动作保护装置的工作原理

（1）剩余电流动作保护装置组成。

剩余电流动作保护装置由检测元件、中间环节、执行机构、辅助电源和试验装置组成，如图 2.21 所示。

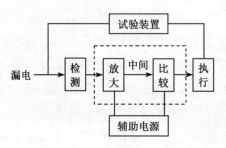

图 2.21　剩余电流动作保护装置组成图

① 检测元件（零序电流互感器）。

检测元件用于将漏电电流信号转换为电压或功率信号输出给中间环节。零序电流互感器检测元件及示意图如图 2.22 所示。

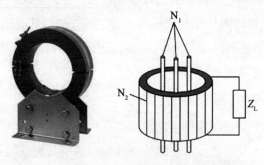

图 2.22　零序电流互感器检测元件及示意图

② 中间环节。

中间环节通常含有放大器、比较器等，可以对来自零序电流互感器的漏电信号进行处理。

③ 执行机构。

执行机构包括漏电动作脱扣器等，用来接收中间环节的指令信号，实施动作。

④ 辅助电源。

辅助电源是提供电子电路工作所需的低压电源。

⑤ 试验装置。

试验装置由一只限流电阻和检查按钮串联的支路构成，其主要用于模拟漏电路径、检验装置是否能够正常动作。

（2）剩余电流动作保护工作原理。

当被保护线路上有漏电或人身触电时，零序电流互感器的二次侧感应出电流I，当电流I达到整定值时，启动放大电路，使执行机构中的脱扣器动作，切断电源。剩余电流动作保护工作原理图如图 2.23 所示。

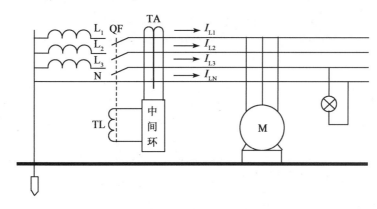

图 2.23　剩余电流动作保护工作原理图

TA—零序电流互感器；QF—主开关；TL—QF 的分离脱扣器线圈

（3）剩余电流动作保护装置的主要技术参数。

① 额定剩余动作电流（$I_{\Delta n}$）——反应灵敏度。

额定剩余动作电流是制造厂对剩余电流动作保护装置规定的剩余动作电流。处于该电流时，剩余电流动作保护装置应在规定的条件下动作。

我国规定的额定剩余动作电流如表 2.7 所列。

表 2.7　额定剩余动作电流

额定剩余动作电流/A	灵敏度	作用
0.006，0.01，0.03	高灵敏度	防止各种人身触电事故
0.05，0.1，0.3，0.5，1	中灵敏度	防止触电事故和漏电火灾
3，5，10，20，30	低灵敏度	防止漏电火灾和监视一相接地事故

② 额定剩余不动作电流（$I_{\Delta no}$）。

额定剩余不动作电流是制造厂对剩余电流动作保护装置规定的剩余不动作电流。处于该电流时，剩余电流动作保护装置应在规定的条件下不动作。

注意：为了防止误动作，剩余电流动作保护装置的额定剩余不动作电流不得低于额定剩余动作电流的 1/2。

③ 分断时间（一般型和延时型）。

分断时间是从突然施加剩余动作电流的瞬间到所有极电弧熄灭的瞬间，即被保护电路完全被切断为止所经过的时间。其中，延时型剩余电流动作保护装置主要用于分级保护的首端，仅适用于 $I_{\Delta n}>0.03$ A 的间接接触电击防护。

注意：延时时间优选值为 0.2, 0.4, 0.8, 1.0, 1.5, 2.0 s。

分级保护时，剩余电流动作保护装置延时时间的级差为 0.2 s。剩余电流动作保护装置的最大分断时间如表 2.8 所列。

表 2.8　剩余电流动作保护装置的最大分断时间

额定动作电流($I_{\Delta n}$)/A	额定电流(I_n)/A	最大分断时间/s		
		$I_{\Delta n}$	2 $I_{\Delta n}$	0.25 A
0.006		5.0	1.0	0.04
0.010	任意值	5.0	0.5	0.04
0.030		0.5	0.2	0.04

（4）剩余电流动作保护装置的防护要求。

① 对直接接触电击事故的防护。

在直接接触电击事故防护中，剩余电流保护装置只作为直接接触电击事故基本防护措施的补充保护措施。

注意：保护并不包括对相与相、相与 N 线间形成的直接接触电击事故的防护。

② 对间接接触电击事故的防护。

采用自动切断电源的保护方式，以防止由于电气设备绝缘损坏发生接地故障时，电气设备的外露可接近导体持续带有危险电压而产生电击事故。剩余电流动作保护装置工作流程图如图 2.24 所示。

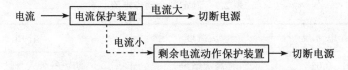

图 2.24　剩余电流动作保护装置工作流程图

剩余电流动作保护装置用于间接接触电击事故防护时，应与电网的系统接地型式相配合。

◈ 在 TN 系统中，必须将 TN-C 系统改造为 TN-C-S、TN-S 系统或局部 TT 系统后，才可安装使用剩余电流动作保护装置。

◈ 在 TN-C-S 系统中，剩余电流动作保护装置只允许用在 N 线与 PE 线分开的部分。

③ 对电气火灾的防护。

为防止电气设备或线路因绝缘损坏形成接地故障引起电气火灾，当接地故障电流超过预警值时，应装设能发出报警信号或自动切断电源的剩余电流保护装置。

为防止电气火灾发生，当安装剩余电流动作电气火灾监控系统时，应对建筑物内防火分区进行合理设计，确定适当的保护范围；剩余电流动作的预警值和预定动作时间应满足与分级保护的动作特性相配合的要求。

（5）必须安装剩余电流动作保护装置的设备和场所。

① 末端保护。

必须安装剩余电流动作保护装置的设备和场所如下。

◈ 属于Ⅰ类移动式电气设备和手持式电动工具。

◈ 生产用的电气设备。

◈ 施工工地的电气机械设备。

◈ 安装在户外的电气装置。

◈ 临时用电的电气设备。

◈ 机关、学校、宾馆、饭店、企事业单位和住宅等除壁挂式空调电源插座外的其他电源插座或插座回路。

◈ 游泳池、喷水池、浴池的电气设备。

◈ 安装在水中的供电线路和设备。

◈ 医院中可能直接接触人体的电气医用设备。

◈ 其他需要安装剩余电流保护装置的场所。

② 线路保护。

低压配电线路根据具体情况采用二级或三级保护时，在总电源端、分支线首端或线路末端（农村集中安装电能表箱、农业生产设备的电源配电箱）安装剩余电流动作保护装置。

（6）剩余电流动作保护装置的运行和管理。

剩余电流动作保护装置投入运行后，运行管理单位应建立相应的管理制度，并建立动作记录。

① 对使用中的剩余电流动作保护装置的检查与管理，应定期用试验按钮检查其动作特性是否正常；雷击活动期和用电高峰期应增加试验次数；用于手持电动工具、移动式电气设备和不连续使用剩余电流动作保护装置，应在每次使用前进行试验；由于各种原因停运的剩余电流动作保护装置再次使用前，应进行通电试验，检查装置的动作情况是否正常；对已发现有故障的剩余电流动作保护装置应立即更换。

② 为检验剩余电流动作保护装置在运行中的动作特性及其变化，运行管理单位应配置专用测试仪器，并定期进行动作特性试验。动作特性试验项目包括测试剩余动作电流、分断时间和极限不驱动时间。进行特性试验时，应使用经国家有关部门检测合格的专用测试设备，由专业人员进行。严禁采用相线直接对地短路或利用动物作为试验物的方法

进行试验。

③ 电子式剩余电流动作保护装置的工作年限一般为 6 年。超过规定年限的保护装置应进行全面检测，根据检测结果，决定能否继续使用。

④ 运行中发现剩余电流动作保护器动作后，应认真检查其动作原因，排除故障后，再合闸送电。经检查未发现动作原因时，允许试送电一次。如果再次发现其动作，应查明原因，找出故障，不得连续强行送电。必要时，对其进行动作试验，经检查确认剩余电流保护装置本身发生故障时，应在最短时间内予以更换。严禁退出运行、私自撤除或强行送电。

⑤ 运行中遇有异常现象，应由专业人员进行检查处理。装置损坏后，由专业单位检查维护。

⑥ 在剩余电流动作保护装置的保护范围内发生电击伤亡事故时，应检查剩余电流动作保护装置的动作情况，分析未能起到保护作用的原因，在调查前，不得拆动剩余电流动作保护装置。

2.3.4　课后练习

单选题

（1）电气设备的防触电保护可分成四类，各类设备使用时，对附加安全措施的装接要求不同。下列关于电气设备装接保护接地的说法中，正确的是(　　)。

A. 0 类设备必须装接保护接地

B. Ⅰ类设备必须装接保护接地

C. Ⅱ类设备必须装接保护接地

D. Ⅲ类设备应装接保护接地

（2）安全电压是在一定条件下、一定时间内不危及生命安全的电压，我国标准规定的工频安全电压等级有 42，36，24，12，6 V(有效值)。不同的用电环境、不同种类的用电设备应选用不同的安全电压，在金属容器内、特别潮湿处等危险环境中，使用的手持照明灯电压不得超过(　　)V。

A.12　　　　　　　　B.24　　　　　　　　C.36　　　　　　　　D.42

（3）漏电保护又称剩余电流动作保护。漏电保护是一种防止电击导致严重后果的重要技术手段。但是，漏电保护不是万能的。下列触电状态中，漏电保护不能起保护作用的是(　　)。

A.人站在木桌上同时触及相线和中性线

B.人站在地上触及一根带电导线

C.人站在地上触及漏电设备的金属外壳

D.人坐在接地的金属台上触及一根带电导线

(4) 在绝缘强度和机械性能上具备与双重绝缘同等防触电能力的单一绝缘,在构成上可以包含一层或多层绝缘材料的是(　　)。

A.工作绝缘　　　B.加强绝缘　　　C.多层绝缘　　　D.综合绝缘

(5) 兼防直接接触电击和间接接触电击的措施有安全电压、剩余电流动作保护。其中,剩余电流动作保护的工作原理是(　　)。

A.通过电气设备上的保护接触线把剩余电流引入大地

B.由零序电流互感器获取漏电信号,经转换后,使线路开关跳闸

C.保护接地经剩余电流和构成接地短路导致熔断器熔断,以切断供电电源

D.剩余电流直接促使电气线路上的保护元件迅速动作,从而断开供电电源

(6) 不同的用电环境、不同种类的用电设备应选用不同的安全电压。在水下作业等场所使用的手持照明灯应采用(　　)V 特低电压。

A.6　　　　　　　B.12　　　　　　　C.15　　　　　　　D.24

(7) 采用安全特低电压是(　　)的措施。

A.仅有直接接触电击防护

B.只有间接接触电击防护

C.用于防止爆炸、火灾危险

D.兼有直接接触电击和间接接触电击防护

第3章 危险物质与防爆设备

危险物质指受各国规章制约的那些物质，如腐蚀性物质、易爆物质、放射性物质、致癌物质、诱变物质、致畸物质或危害生态环境的物质等。本章中主要介绍具有爆炸性危险的易爆物质。

3.1 爆炸性物质及危险环境

3.1.1 爆炸性物质分类

爆炸性气体、易燃液体和闪点低于或等于环境温度的可燃液体、爆炸性粉尘或易燃纤维等统称为爆炸性物质。在大气条件下，气体、蒸气、薄雾、粉尘或纤维状的易燃物质与空气混合，点燃后，燃烧将在整个范围内迅速传播的混合物，称为爆炸性混合物。

3.1.1.1 爆炸性混合物分类

爆炸性混合物分为以下三类，如表3.1所列。

表3.1 爆炸性混合物分类

类别	危险物质
Ⅰ类	矿井甲烷
Ⅱ类	爆炸性气体、蒸气
Ⅲ类	爆炸性粉尘、纤维或飞絮

3.1.1.2 Ⅱ类、Ⅲ类爆炸性物质分类

（1）Ⅱ类爆炸性气体、蒸气。

按照最大试验安全间隙（$MESG$）和最小引燃电流比（$MICR$），将Ⅱ类爆炸性气体、蒸气分为以下三类，如表3.2所列。

表3.2 Ⅱ类爆炸性气体、蒸气分类

类别	对应气体	危险性	$MESG$/mm	$MICR$
ⅡA	丙烷	小	$MESG \geqslant 0.9$	$MICR > 0.8$
ⅡB	乙烯	中	$0.5 < MESG < 0.9$	$0.45 \leqslant MICR \leqslant 0.8$
ⅡC	氢气	大	$MESG \leqslant 0.5$	$MICR < 0.45$

注：① $MESG$是指两个容器由长度为25 mm的间隙连通，在规定条件下，一个容器爆炸不会使另一容器内燃爆的最大连通间隙的宽度。其用来衡量爆炸性物品的传爆能力。

② $MICR$是指在规定条件下，气体、蒸气等爆炸混合物与甲烷爆炸性混合物的最小点燃电流之比。

（2）Ⅲ类爆炸性粉尘、纤维或飞絮。

Ⅲ类爆炸性粉尘、纤维或飞絮分类如表3.3所列。

表 3.3　Ⅲ类爆炸性粉尘、纤维或飞絮分类

类别	名称	定义	危险性
ⅢA	可燃性飞絮	大于 500 μm 的固体颗粒纤维，可悬浮在空气中，也可依靠自身质量沉淀下来	小
		飞絮：人造纤维、棉花、剑麻、黄麻、麻屑、可可纤维、麻絮、木丝绵等	
ⅢB	非导电粉尘	电阻系数大于 1000 Ω·m 的可燃性粉尘	中
ⅢC	导电粉尘	电阻系数小于或等于 1000 Ω·m 的可燃性粉尘	大

注：可燃性粉尘是指小于或等于 500 μm 的固体颗粒，可悬浮或沉淀，可在空气中燃烧或焖燃，在大气压力和常温条件下，可与空气形成爆炸性混合物。

3.1.1.3　Ⅱ类、Ⅲ类爆炸性物质分组[引燃温度(自燃点)]

Ⅱ类、Ⅲ类爆炸性物质引燃温度分组如表3.4所列。

表 3.4　引燃温度分组

组别	引燃温度(T)/ ℃
T1	$T>450$
T2	$300<T\leqslant450$
T3	$200<T\leqslant300$
T4	$135<T\leqslant200$
T5	$100<T\leqslant135$
T6	$85<T\leqslant100$

3.1.2　危险环境分类

对不同危险环境进行分区，目的是便于根据危险环境特点，正确选用电气设备、电气线路及照明装置等防护措施。

3.1.2.1　危险环境

按照危险性，可将环境分为无较大危险的环境、有较大危险的环境和特别危险的环境。

（1）无较大危险的环境(如图3.1所示)。

正常情况下，有绝缘地板、没有接地导体或接地导体很少的干燥、无尘环境属于无较大危险的环境。

 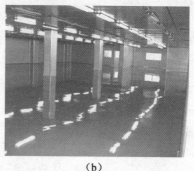

（a）　　　　　　　　　　　　　（b）

图 3.1　无较大危险的环境

（2）有较大危险的环境（如图 3.2 所示）。

（a）　　　　　　　　　　　　　（b）

图 3.2　有较大危险的环境

下列环境均属于有较大危险的环境：

① 空气相对湿度经常超过 75% 的潮湿环境；

② 环境温度经常或昼夜间周期性地超过 35 ℃ 的炎热环境；

③ 生产过程中产生工艺性导电粉尘（如煤尘、金属尘等）并沉积在导体上或进入机器、仪器内的环境；

④ 有金属、泥土、钢筋混凝土、砖等导电性地板或地面的环境；

⑤ 工作人员既接触接地的金属构架、金属结构等，又接触电气设备金属壳体的环境。

（3）特别危险的环境（如图 3.3 所示）。

下列环境均属于特别危险的环境：

① 室内天花板、墙壁、地板等各种物体都潮湿且空气相对湿度接近 100% 的特别潮湿的环境；

② 室内经常或长时间存在腐蚀性蒸气、气体、液体等化学活性介质或有机介质的环境；

③ 具有两种及以上有较大危险环境特征的环境。

（a）   （b）

图 3.3 特别危险的环境

3.1.2.2 爆炸性气体环境

（1）爆炸性气体环境危险场所分区（依据出现频繁程度和持续时间）如表 3.5 所列。

表 3.5 爆炸性气体环境危险场所分区

分区	特征
0 区	正常运行时连续或长时间出现或短时间频繁出现爆炸性气体、蒸气或薄雾的区域，如油罐内部液面上部空间
1 区	正常运行时可能出现（预计周期性出现或偶然出现）爆炸性气体、蒸气或薄雾的区域，如油罐顶上呼吸阀附近
2 区	正常运行时不出现，即使出现，也只可能是短时间偶然出现爆炸性气体、蒸气或薄雾的区域，如油罐外 3 m 内

（2）释放源的等级。

释放源是划分爆炸危险区域的基础。释放源的等级如表 3.6 所列。

表 3.6 释放源的等级

等级	特征
连续级释放源	连续释放、长时间释放或短时间频繁释放
一级释放源	正常运行时周期性释放或偶然释放
二级释放源	正常运行时不释放或不经常且只能短时间释放
多级释放源	包含上述两种及以上特征

（3）通风类型。

① 通风的主要方式如表 3.7 所列。

表 3.7　通风的主要方式

方式	特征
自然通风	由风或温度的配合效果引起的空气流动或新鲜空气的置换，如户外开放场所、户外开放式建筑或良好自然通风条件的户外环境
人工通风	利用人工方法等使危险环境的空气流动或新鲜空气置换
强制性通风	整体场所进行的普遍性强制通风，局部场所进行的针对性强制通风

② 通风的有效性。

通风的有效性主要反映通风连续性的优劣，影响着爆炸危险环境的存在或形成。通风的有效性如表 3.8 所列。

表 3.8　通风的有效性

有效性	特征
良好	通风连续存在
一般	正常运行时，预计通风存在，允许短时、不经常的不连续通风
差	不能满足上述两种标准的通风，但预计不会出现长时间的不连续通风

注：无通风指不采取与新鲜空气置换措施的状态。

③ 通风的等级（依据 IEC 和我国有关标准）如表 3.9 所列。

表 3.9　通风的等级

等级	特征
高级通风(VH)	能够在释放源处瞬间降低其浓度，使其低于爆炸下限(LEL)，区域范围很小，甚至可以忽略不计
中级通风(VM)	能够控制浓度，使得区域界限外部的浓度稳定地低于爆炸下限，虽然释放源正在释放中，并且释放停止后，爆炸性环境持续存在时间不会过长
低级通风(VL)	在释放源释放过程中，不能控制其浓度，并且在释放源停止释放后，也不能阻止爆炸性环境持续存在

(4)爆炸性气体场所危险区域的划分。

综合考虑释放源级别和通风条件，应遵守以下原则。

① 按照释放源级别划分区域。

以释放源级别从高至低对爆炸性气体环境进行危险分区，如遇多级释放源，则采用就高原则。

② 根据通风条件调整区域划分。

◈ 如通风良好(爆炸下限为25%以下),应降低爆炸危险区域等级(含局部机械通风)。

◈ 如通风不良,应提高爆炸危险区域等级(含局部障碍物、死角、凹坑处)。

◈ 利用堤或墙等障碍物限制爆炸性气体混合物扩散。

(5)爆炸性气体环境危险区域的范围。

爆炸性气体环境危险区域的范围应按照下列要求确定。

① 爆炸危险区域的范围应根据释放源的级别和位置、易燃物质的性质、通风条件、障碍物及生产条件、运行经验等,经技术经济比较综合确定。

② 建筑物内部宜以厂房为单位划定爆炸危险区域的范围。当厂房内空间大,释放源释放的易燃物质量少时,可按照厂房内部分空间划定爆炸危险区域范围。

③ 当易燃物质可能大量释放并扩散到15 m以外时,爆炸危险区域的范围应划分附加2区。

④ 在物料操作温度高于可燃液体闪点的情况下,可燃液体可能发生泄漏时,其爆炸危险区域的范围可适当缩小。

3.1.2.3　爆炸性粉尘环境

爆炸性粉尘环境是指在一定条件下,粉尘、纤维或飞絮的可燃性物质与空气形成的混合物被点燃后,能够保持燃烧自行传播的环境。

根据粉尘、纤维或飞絮的可燃性物质与空气形成的混合物出现的频率和持续时间及粉尘层厚度,将爆炸性粉尘环境进行分类,如表3.10所列。

表3.10　爆炸性粉尘环境分类

分区	运行过程	特征
20 区	正常运行过程	可燃性粉尘连续出现或经常出现,其数量足以形成可燃性粉尘与空气混合物或可能形成无法控制的极厚的粉尘层场所及容器内部
21 区		可能出现粉尘数量足以形成可燃性粉尘与空气混合物,但未划入20区的场所。例如,与充入或排放粉尘点直接相邻的场所、出现粉尘层和正常操作情况下可能产生可燃浓度的可燃性粉尘与空气混合物的场所
22 区	异常情况	可燃性粉尘偶尔出现并且只是短时间存在,或者可燃性粉尘偶尔出现堆积或可能存在粉尘层并且产生可燃性粉尘空气混合物的场所。若不能保证排除可燃性粉尘堆积或粉尘层,则应划为21区

3.1.2.4 火灾危险环境

火灾危险环境分类如表 3.11 所列。

表 3.11 火灾危险环境分类

分区	特征
21 区	具有闪点高于环境温度的可燃液体,在数量和配置上能引起火灾危险的环境
22 区	具有悬浮状、堆积状的可燃粉尘或纤维,虽然不可能形成爆炸混合物,但在数量和配置上能引起火灾危险的环境
23 区	具有固体可燃物质,在数量和配置上能引起火灾的危险环境

3.1.3 课后练习

3.1.3.1 单选题

(1) 对于Ⅱ类爆炸性气体,按照最大试验安全间隙(*MESG*)和最小引燃电流比(*MICR*)划分为ⅡA,ⅡB,ⅡC 三类。$MESG \geqslant 0.9$ mm,$MICR > 0.8$ 的属于Ⅱ类爆炸性气体中的( )类。

　　A. ⅡA　　　　　　B. ⅡB　　　　　　C. ⅡC　　　　　　D. ⅡB 或ⅡC

(2) 爆炸危险场所电气设备的类型必须与所在区域的危险等级相适应。因此,必须正确划分区域的危险等级。对于气体、蒸气爆炸危险的场所,正常运行时预计周期性出现或偶然出现爆炸性气体、蒸气或薄雾的区域,应将其危险等级划为( )区。

　　A.0　　　　　　　　B.1　　　　　　　　C.2　　　　　　　　D.20

(3) Ⅱ类爆炸性气体按照( )分为ⅡA 类、ⅡB 类、ⅡC 类。

　　A.引燃温度　　　　　　　　　　　　B.爆炸极限

　　C.最小引燃电流比和最大试验安全间隙　D.闪电

(4) 下列有关最危险爆炸性粉尘的说法中,正确的是( )。

　　A.ⅢA 类物质属于最危险爆炸性粉尘,是导电粉尘

　　B.ⅢB 类是最危险爆炸性粉尘,是非导电粉尘

　　C.ⅢA 类是最危险爆炸性粉尘,是可燃性飞絮

　　D.ⅢC 类是最危险爆炸性粉尘

(5) T4 组爆炸性物质的引燃温度是( )。

　　A.$300\ ℃ < T \leqslant 450\ ℃$　　　　　B.$200\ ℃ < T \leqslant 300\ ℃$

　　C.$350\ ℃ < T \leqslant 450\ ℃$　　　　　D.$135\ ℃ < T \leqslant 200\ ℃$

(6) 最危险爆炸性物质是( )类。

　　A. Ⅱ　　　　　　　B. ⅡA　　　　　　C. ⅡB　　　　　　D. ⅡC

（7）在爆炸性气体环境危险场所分区中，油罐顶上呼吸阀附近属于（　　）区。

A.0　　　　　　　　B.1　　　　　　　　C.2　　　　　　　　D.3

（8）在正常工程运行中，可燃性粉尘连续出现或经常出现其数量足以形成可燃性粉尘与空气混合物的场所及容器内部为（　　）区。

A.1　　　　　　　　B.0　　　　　　　　C.21　　　　　　　D.20

（9）良好的通风标志是混合物中危险物质的浓度被稀释到爆炸下限的（　　）以下。

A.20%　　　　　　B.25%　　　　　　C.30%　　　　　　D.35%

3.1.3.2　多选题

（1）不同爆炸环境应选用相应等级的防爆设备。爆炸危险场所分级的主要依据有（　　）。

A.爆炸危险物出现的频繁程度　　　　B.爆炸危险物出现的持续时间

C.爆炸危险物释放源的等级　　　　　D.电气设备的防爆等级

E.现场通风等级

（2）通风等级划分为（　　）。

A.超低级通风　　　　　　　　　　　B.低级通风

C.高级通风　　　　　　　　　　　　D.超高级通风

E.中级通风

（3）按照能量的来源，爆炸可以分为（　　）。

A.物理爆炸　　　　　　　　　　　　B.化学爆炸

C.核爆炸　　　　　　　　　　　　　D.锅炉爆炸

E.煤气爆炸

（4）按照爆炸反应相的不同，爆炸可分为气相爆炸、液相爆炸和固相爆炸。下列爆炸中，属于气相爆炸类别的是（　　）。

A.粉尘爆炸　　　　　　　　　　　　B.物理爆炸

C.气体的分解爆炸　　　　　　　　　D.化学爆炸

E.喷雾爆炸

（5）危险化学物品如果储存不当，往往会酿成严重的事故，因此，要防止不同性质物品在储存中相互接触而引起火灾和爆炸。下列物品中，必须单独隔离储存，不准与任何其他类物品共存的有（　　）。

A.三硝基甲苯　　　　　　　　　　　B.硝化甘油

C.乙炔　　　　　　　　　　　　　　D.氮气

E.雷汞

3.2　防爆电气设备和电气线路

3.2.1　防爆电气设备

防爆电气设备的主要功能是防止爆炸发生，所以，在设计时，必须从火灾、爆炸发生的三要素考虑，限制了其中一个条件，才能限制爆炸发生。

3.2.1.1　防爆电气设备定义

防爆电气设备是指依据相关防爆技术标准、规范设计和制造的电气设备，在爆炸性环境中使用防爆电气设备，不会引爆周围的爆炸性气体或粉尘。

3.2.1.2　爆炸性环境用电气设备

爆炸性环境用电气设备分为Ⅰ类、Ⅱ类和Ⅲ类，如表 3.12 所列。

表 3.12　爆炸性环境用电气设备类型

类别	爆炸危险物质	防爆电气设备分类
Ⅰ类	矿井甲烷	应用于煤矿瓦斯气体环境
Ⅱ类	爆炸性气体、蒸气	应用于煤矿甲烷以外的爆炸性气体环境
Ⅲ类	爆炸性粉尘、纤维或飞絮	应用于除煤矿外的爆炸性粉尘环境

（1）Ⅱ类防爆电气设备按照其拟使用的爆炸性环境的种类可进一步分类：ⅡA类，代表性气体是丙烷；ⅡB类，代表性气体是乙烯；ⅡC类，代表性气体是氢气。Ⅱ类防爆电气设备适用范围由大到小依次排列如下：ⅡC类，ⅡB，ⅡA。

（2）Ⅲ类防爆电气设备按照其拟使用的爆炸性环境的种类可进一步分类：ⅢA类，代表性物质是可燃性飞絮；ⅢB类，代表性物质是非导电粉尘；ⅢC类：代表性物质是导电粉尘。Ⅲ类防爆电气设备适用范围由大到小依次排列如下：ⅢC类，ⅢB类，ⅢA类。

3.2.1.3　防爆电气设备的防爆原理

防爆电气设备按照其防爆原理可分为以下四种类型：用外壳限制爆炸、限制引燃源能量、用附加措施提高设备安全程度、用外壳或介质隔离引燃源。防爆原理分类如图 3.4 所示。

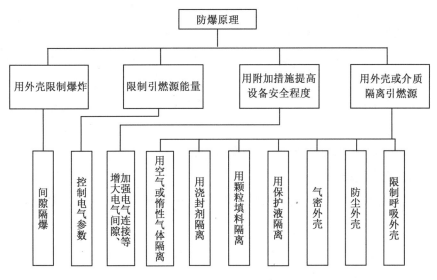

图 3.4　防爆原理分类图

3.2.1.4　常用防爆电气设备型式

（1）隔爆型电气设备"d"。

隔爆型电气设备是指具有隔爆外壳的电气设备，其防爆标志为"d"。隔爆外壳是指能承受内部的爆炸压力，并能阻止爆炸火焰向周围环境传播的防爆外壳。防爆型电气设备示意图如图 3.5 所示。

图 3.5　隔爆型电气设备示意图

① 隔爆型电气设备通过如下措施实现隔离爆炸。

❖ 耐爆：外壳具有一定的强度，内部产生爆炸而不损坏和变形。

❖ 隔爆：外壳具有特定结构、参数的隔爆接合面，阻止外壳内的爆炸通过接合面传播到外壳周围的爆炸性气体危险环境中。

② 隔爆型电气设备的隔爆原理。

电气设备外壳的内部由于呼吸作用会进入周围的爆炸性气体混合物，当设备产生电火花及危险高温时，将引燃壳内的爆炸性气体混合物，形成巨大的爆破力及冲击波。一方面，隔爆外壳应能承受内部的爆炸压力而不破损；另一方面，隔爆外壳的接合面应能阻止爆炸火焰向壳外传播点燃周围的爆炸性气体混合物。因此，隔爆外壳应有耐爆性和隔爆性两种性能。

③ 隔爆面的参数。

❖ 隔爆接合面宽度（L）：指从隔爆外壳内部通过接合面到隔爆外壳外部的最短

通路。

注意：该定义不适用于螺纹接合面。

❖ 距离(l)：指当隔爆接合面被组装隔爆外壳部件的紧固螺钉孔分隔时，隔爆接合面的最短通路。

❖ 隔爆接合面间隙(I)：指电气设备外壳组装完成后，隔爆接合面相对应表面之间的距离。

注意：对于圆筒式隔爆接合面，间隙是两直径之差。

④ 隔爆接合面的结构型式。

隔爆接合面的结构型式分为平面式（见图 3.6）、圆筒式、螺纹式和止口式（见图3.7）。

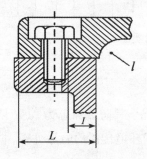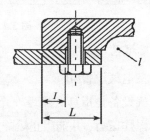

图 3.6　平面式隔爆接合面

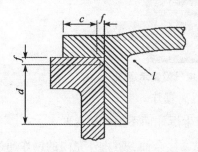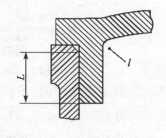

图 3.7　止口式隔爆接合面

⑤ 防爆型电气设备"d"举例。

隔爆型镇流器如图 3.8 所示。

图 3.8　隔爆型镇流器

（2）增安型电气设备"e"。

增安型电气设备是指对正常条件下不会产生电弧或电火花的电气设备进一步采取措施，提高其安全程度，防止电气设备产生电弧、电火花及危险高温的电气设备。其防爆标志为"e"。增安型电气设备示意图如图 3.9 所示。

图 3.9　增安型电气设备示意图

① 增安型电气设备主要通过如下措施提高安全性。

❖ 外壳具备一定防尘、防水等级（IP 等级），防止外部介质影响内部电气安全。

❖ 选用绝缘等级高的绝缘材料，增大的电气间隙、爬电距离能保证内部电气充分安全。

注意：绝缘材料的高绝缘性能，能够防止绝缘材料老化、降级。电气间隙，指两个导电部分之间的最短空间距离。爬电距离，指两个导电部分之间沿绝缘材料表面的最短距离。

❖ 可靠的电气连接，可以降低接触电阻，实现良好的电气连接，降低温升。

② 增安型电气设备"e"举例。

增安型外壳的防爆控制箱如图 3.10 所示。

图 3.10　增安型外壳的防爆控制箱

（3）本质安全型电气设备"i"。

本质安全电路是指在规定的条件（正常工作和规定的故障条件）下，产生的任何电火花或任何热效应均不能点燃规定的爆炸性气体环境的电路。

本质安全型电气设备是指所有电路都是本质安全电路的电气设备，其防爆标志为"i"。本质安全设备保护又分为 ia，ib，ic 三个等级。本质安全型电气设备示意图如图 3.11 所示。

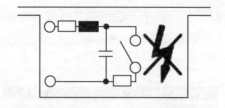

图 3.11　本质安全型电气设备示意图

① 本质安全型电气设备主要是控制电路的电气参数，使电路达到本安防爆要求，其主要措施如下。

⊗ 降低电压和电流。

⊗ 减小电感和电容等储能元件参数。

② 本质安全型电气设备"i"举例。

涡街流量计、便携式可燃气体探测器如图 3.12 所示。

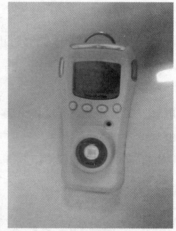

图 3.12　涡街流量计、便携式可燃气体探测器

（4）浇封型电气设备"m"。

浇封型电气设备是指将产生点燃爆炸性混合物的火花或过热的部分封入复合物中，使它们在运行或安装条件下不能点燃爆炸性混合物。根据保护等级，可将其分为 ma 和 mb 两级。浇封型电气设备示意图如图 3.13 所示。

图 3.13　浇封型电气设备示意图

① 浇封型电气设备主要通过如下措施把引燃源与可燃环境隔离。

❖ 用树脂等复合物浇封剂把产生火花或过热的部分完全包覆。

❖ 对过热部分用电的或热的保护装置进行温度限制保护。

❖ 对电阻器、螺旋形单层线圈绕组、纸质电容器、陶瓷电容器、半导体选用可靠部件等。

② 浇封型电气设备"m"举例。

浇封型电磁阀如图 3.14 所示。

图 3.14　浇封型电磁阀

（5）正压型电气设备"p"。

正压型电气设备是指具有正压外壳的电气设备，其防爆标志为"p"。所谓正压外壳是指保持内部保护气体的压力高于周围爆炸性气体环境的压力，阻止外部混合物进入的外壳。

正压型电气设备示意图如图 3.15 所示。

图 3.15　正压型电气设备示意图

① 正压型电气设备分类。

正压型电气设备分为 px，py，pz 三种型式。

❖ px 型正压：指将正压外壳内的危险分类从 1 区降至安全区的正压保护。

❖ py 型正压：指将正压外壳内的危险分类从 1 区降至 2 区的正压保护。

❖ pz 型正压：指将正压外壳内的危险分类从 2 区降至安全区的正压保护。

② 正压型电气设备采用正压的惰性气体或空气把引燃源与可燃环境隔离。

③ 正压型电气设备"p"举例。

正压型防爆配电柜如图 3.16 所示。

图 3.16 正压型防爆配电柜

（6）充砂型电气设备"q"。

充砂型电气设备是指将能点燃爆炸性气体的导电部件固定在适当位置上，且完全埋入填充材料中，以防止点燃外部爆炸性气体的设备。充砂型电气设备示意图如图 3.17 所示。

图 3.17 充砂型电气设备示意图

① 填充材料：石英或玻璃颗粒。

② 填充材料颗粒要求。

❖ 上限：标称筛孔尺寸为 1 mm 的金属丝网或钻孔金属板。

❖ 下限：标称筛孔尺寸为 0.5 mm 的金属丝网。

③ 充砂型电气设备采用石英或玻璃把引燃源与可燃环境隔离。

④ 充砂型电气设备"q"举例。

充砂型电子镇流器如图 3.18 所示。

图 3.18 充砂型电子镇流器

（7）油浸型电气设备"o"。

油浸型电气设备是将电气设备的部件整个浸在保护液中，使设备不能点燃液面上或外壳外面的爆炸性气体。

① 对保护液的要求：保护液的着火点、闪点、动黏度、电气击穿强度、体积电阻、凝固点、酸度等参数应符合标准要求。

② 油浸型电气设备采用符合要求的保护液把引燃源与可燃环境隔离。

③ 可以制成油浸型电气设备的产品主要为变压器、控制按钮类产品。

④ 油浸型电气设备"o"举例。

油浸型控制按钮如图 3.19 所示。

图 3.19　油浸型控制按钮

（8）可燃性粉尘环境用电气设备"DIP"。

可燃性粉尘环境用电气设备是用外壳或限制表面温度保护的电气设备，其防爆标志为"DIP"。可燃性粉尘环境用电气设备示意图如图 3.20 所示。

图 3.20　可燃性粉尘环境用电气设备示意图

① 可燃性粉尘环境用电气设备分类。

可燃性粉尘环境用电气设备分为"防尘"和"尘密"两种型式。

❖ 防尘外壳：不能完全阻止粉尘进入，但其进入量不会妨碍设备安全运行的外壳。

❖ 尘密外壳：能够阻止所有可见粉尘颗粒进入的外壳。

② 可燃性粉尘环境用电气设备防止点燃主要是限制外壳最高表面温度，以及采用防

尘外壳或尘密外壳来限制粉尘进入。

③ 可燃性粉尘环境用电气设备"DIP"举例。

粉尘防爆镇流器如图 3.21 所示。

图 3.21　粉尘防爆镇流器

3.2.1.5　防爆电气设备最高表面温度分组

爆炸性气体混合物按照引燃温度分为六组，分别对应电气设备的温度分组，所以电气设备的表面最高温度要适用于爆炸性气体混合物的引燃温度，不能高于气体混合物的引燃温度。防爆电气设备电缆引入装置、封堵件和螺纹式管接头不必标志温度组别或最高表面温度。引燃温度分组如表 3.13 所列。

表 3.13　引燃温度分组

电气设备的 温度组别	气体或蒸气的 引燃温度(T)/℃	电气设备 最高表面温度/℃
T1	$T>450$	450
T2	$300<T\leqslant450$	300
T3	$200<T\leqslant300$	200
T4	$135<T\leqslant200$	135
T5	$100<T\leqslant135$	100
T6	$85<T\leqslant100$	85

3.2.1.6　外壳防护等级(IP)

IP 是 ingress protection 的简称，IP 防护等级一般由两个数字或补充字母组成，也有附加字母：第一个特征数字表示的是固体异物进入的防护等级；第二个特征数字表示的是防止进水的防护等级。当其中一个特征数字不做要求时，该处由"X"代替。例如：

IP65：表示灰尘不能进入设备壳体内部；朝外壳各方向喷水无有害影响。

IP30：表示防止直径不小于 2.5 mm 的固体异物进入；不防水。

3.2.1.7 设备保护等级

设备保护等级(EPL,见表 3.14)是指为满足防爆电气设备选型安全可靠、经济合理的要求,依据设备成为引燃源的可能性及区别爆炸性气体环境、爆炸性粉尘环境和有甲烷的煤矿的爆炸性环境的差别而规定的保护等级。

表 3.14 设备保护等级

防爆电气设备分类		设备保护等级(EPL)	要求
Ⅰ类	用于煤矿瓦斯气体环境	Ma	煤矿专用设备,具有"很高"的保护等级,有足够的安全程度;在任何情况(正常运行、预期故障、罕见故障、气体突出时设备带电等)下,也不可能成为引燃源
		Mb	煤矿专用设备,具有"高"的保护等级;在正常运行过程中,在预期故障条件下,不会成为引燃源;在从气体突出到设备断电的时间范围内,在预期故障条件下,不可能成为引燃源
Ⅱ类	用于除煤矿甲烷之外的其他爆炸性气体环境	Ga	爆炸性气体环境用设备,具有"很高"的保护等级,有足够的安全程度;在任何情况(正常运行、预期故障、罕见故障、气体突出时设备带电等)下,也不可能成为引燃源
		Gb	爆炸性气体环境用设备,具有"高"的保护等级;在正常运行过程中,在预期故障条件下,不会成为引燃源;在从气体突出到设备断电的时间范围内,在预期故障条件下,不可能成为引燃源
		Gc	爆炸性气体环境用设备,具有"一般"的保护等级;在正常运行过程中,不会成为引燃源
Ⅲ类	用于除煤矿外的爆炸性粉尘环境	Da	爆炸性粉尘环境用设备,具有"很高"的保护等级,有足够的安全程度;在任何情况(正常运行、预期故障、罕见故障、气体突出时设备带电等)下,也不可能成为引燃源
		Db	爆炸性粉尘环境用设备,具有"高"的保护等级;在正常运行过程中,在预期故障条件下,不会成为引燃源;在从气体突出到设备断电的时间范围内,在预期故障条件下,不可能成为引燃源
		Dc	爆炸性粉尘环境用设备,具有"一般"的保护等级,在正常运行过程中,不会成为引燃源

3.2.1.8 防爆电气设备铭牌

防爆电气设备的铭牌应设置在设备外部主体部分的明显位置，且应设置在设备安装之后能看到的位置。防爆电气设备铭牌的含义如下：

（1）Ex d ⅡB T3 Gb——隔爆型"d"，保护等级为Gb，用于Ⅱ-B类T3组爆炸性气体环境的防爆电气设备。

（2）Ex p ⅢC T120 ℃ Db IP65——正压型"p"，保护等级为Db，用于有Ⅲ-C导电粉尘的爆炸性粉尘环境的防爆电气设备，其最高表面温度低于120 ℃，外壳防护等级为IP65。

防爆电气设备铭牌和防爆标志如图3.22所示。

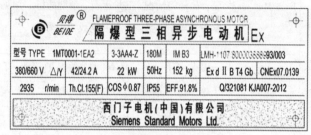

（a）铭牌示例

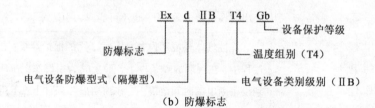

（b）防爆标志

图3.22 防爆电气设备铭牌和防爆标志

3.2.2 防爆电气线路

在爆炸危险环境中，电气线路敷设位置、敷设方式、隔离密封方式、导线材料、允许载流量和电气线路连接方法等，均应根据环境的危险等级进行选择。

3.2.2.1 敷设位置

爆炸危险环境中，应当在爆炸危险性较小或距离释放源较远的位置敷设电气线路。

3.2.2.2 敷设方式

爆炸危险环境中，电气线路主要采用防爆钢管配线和电缆配线，在敷设时的最小截面面积、接线盒、管子连接要求等方面，应满足对应爆炸危险区域的防爆技术要求。

3.2.2.3 隔离密封方式

敷设电气线路的沟道及保护管、电缆或钢管在穿过爆炸危险环境等级不同的区域之间的隔墙或楼板时,应采用非燃性材料严密堵塞。

3.2.2.4 导线材料

导线材料选择如表 3.15 所列。

表 3.15 导线材料选择

分区	导线材料
爆炸危险环境危险等级 1 区	一般情况下:采用铜芯导线或电缆
	剧烈振动处:采用多股铜芯软线(电缆)
	煤矿井下:不得采用铝芯电力电缆
爆炸危险环境危险等级 2 区	电力线路:采用截面面积为 4 mm² 及以上的铝芯导线或电缆
	照明线路:采用截面面积为 2.5 mm² 及以上的铝芯导线或电缆

3.2.2.5 允许载流量

对 1 区、2 区绝缘导线截面和电缆截面进行选择时,导体允许载流量不应小于熔断器熔体额定电流和断路器长延时过电流脱扣器整定电流的 1.25 倍。

引向低压笼型感应电动机支线的允许载流量不应小于电动机额定电流的 1.25 倍。

3.2.2.6 电气线路连接方法

1 区和 2 区的电气线路的中间接头必须在与该危险环境相适应的防爆型的接线盒或接头盒内部。1 区宜采用隔爆型接线盒,2 区可采用增安型接线盒。

3.2.3 课后练习

3.2.3.1 单选题

(1)爆炸性环境用电气设备与爆炸危险物质的分类相对应,被分为Ⅰ,Ⅱ,Ⅲ类。其中,Ⅲ类电气设备是( )的电气设备。

A.用于煤矿瓦斯气体环境   B.用于爆炸性粉尘环境

C.TN-S 系统   D.用于煤矿甲烷以外的爆炸性气体环境

(2)在爆炸危险环境危险等级 2 区范围内,电力线路应采用截面面积为( )mm² 及以上的铝芯导线或电缆,照明线路可采用截面面积 2.5 mm² 及以上的铝芯导线或电缆。

A.2   B.2.5   C.3   D.4

(3)引向低压笼型感应电动机支线的允许载流量不应小于电动机额定电流的( )倍。

A.1   B.1.25   C.1.5   D.2

3.2.3.2　多选题

（1）不同爆炸危险环境应选用相应等级的防爆设备，爆炸危险场所分级的主要依据有（　　）。

A.爆炸危险物出现的频繁程度　　　　B.爆炸危险物出现的持续时间

C.爆炸危险物释放源的等级　　　　　D.电气设备的防爆等级

E.现场通风等级

（2）防爆电气设备包括(　　)。

A.通风充气型　　　　　　　　　　　B.绝缘型

C.本质安全型　　　　　　　　　　　D.隔爆型

E.充砂型

第4章 雷击防护技术

4.1 雷电危害

4.1.1 雷电分类

雷电是伴有闪电和雷鸣的一种放电现象。产生雷电的条件是雷雨云中有积累并形成极性。根据不同的地形及气象条件，雷电一般可分为直击雷、闪电感应、球雷三大类。

4.1.1.1 直击雷

闪击直接击于建筑物、其他物体、大地或外部防雷装置上，产生电效应、热效应和机械力的雷称为直击雷。直击雷对地闪击如图4.1所示。

图4.1 直击雷对地闪击

直击雷的放电过程分为先导放电、主放电、余光三种。每次雷击有三四个冲击至数十个冲击；一次直击雷的全部放电时间一般不超过500 ms。

直击雷击中建筑物或设备时，会产生沿线路或管道两个方向传播的闪电电涌（雷电波）侵入。

4.1.1.2 闪电感应

闪电感应是闪电发生时，在附近导体上产生的静电感应和电磁感应，它可能使金属部件之间产生火花放电。

闪电感应会产生静电感应和电磁感应。

静电感应是带电积云在架空线路导线或其他高大导体上感应出大量与雷云带电极性相反的电荷，在带电积云与其他客体放电后，感应电荷失去束缚，如果没有就近泄入地中，就会以大电流、高电压冲击波的形式沿线路导线或导体传播。

电磁感应是由于雷电放电时，迅速变化的雷电流在其周围空间产生瞬变的强电磁场，使附近导体上感应出很高的电动势。

闪电感应也会产生沿线路或管道两个方向传播的闪电电涌（雷电波）侵入。

4.1.1.3 球雷

球雷（球形闪电，俗称地滚雷）是雷电放电时形成的发红光、橙光、白光或其他颜色光的火球，如图4.2所示。球雷应当是一团处在特殊状态下的带电气体。

图4.2 球雷

4.1.2 雷电的危害形式

雷电具有雷电流幅值大、雷电流陡度大、冲击性强、冲击过电压高的特点。

4.1.2.1 雷电的破坏作用

雷电的破坏作用主要体现在电性质、热性质和机械性质三个方面。

（1）电性质的破坏作用。

电性质的破坏作用主要表现为电或电磁辐射的现象，具体表现如下。

① 破坏高压输电系统，毁坏发电机、电力变压器等电气设备的绝缘，烧断电线或劈裂电杆，造成大规模停电事故。

② 绝缘损坏可能引起短路，导致火灾或爆炸事故。

③ 二次放电的电火花也可能引起火灾或爆炸，二次放电也可能造成电击，危害生命。

④ 形成接触电压电击和跨步电压，导致触电事故。

⑤ 雷击产生的静电场突变和电磁辐射会干扰电视电话通信，甚至使通信中断；雷电也能造成飞行事故。

（2）热性质的破坏作用。

热性质的破坏主要是物体放热，具体表现如下。

① 直击雷放电的高温电弧能直接引燃邻近的可燃物。

② 巨大的雷电流通过导体，并能够烧毁导体。

③ 使金属熔化、飞溅，引发火灾或爆炸。

④ 球雷侵入可引起火灾。

（3）机械性质的破坏作用。

机械性质的破坏表现形式主要是外力的作用，具体表现如下。

① 通过被击物，使被击物缝隙中的气体剧烈膨胀，缝隙中的水分也急剧蒸发、汽化为大量气体，导致被击物破坏或爆炸。

② 雷击时产生的冲击力。

③ 同性电荷之间的静电斥力，同方向电流的电磁作用力。

4.1.2.2　雷电危害的事故后果

由于雷电放电量巨大，所以雷电会产生火灾爆炸、触电、设备损坏、大规模停电等危害后果。

4.1.3　雷电参数

雷电参数主要有雷暴日、雷电流幅值、雷电流陡度、雷电冲击过电压等。

4.1.3.1　雷暴日

只要一天之内能听到雷声，就算一个雷暴日。年雷暴日数（d/a）用来衡量雷电活动的频繁程度。雷暴日分类如表4.1所列。

表4.1　雷暴日分类

分类	少雷区/（d·a⁻¹）	中雷区/（d·a⁻¹）	多雷区/（d·a⁻¹）	强雷区/（d·a⁻¹）
天数（T）/d	$T \leqslant 25$	$25 < T \leqslant 40$	$40 < T \leqslant 90$	$T > 90$

4.1.3.2　雷电流幅值

雷电流幅值指雷云主放电时冲击电流的最大值（一般为数十千安至数百千安）。

4.1.3.3　雷电流陡度

雷电流随时间上升的变化率称为雷电流陡度。雷电流陡度对过电压有直接影响。

雷电流幅值是脉冲电流所达到的最高值；波头是电流上升到幅值的时间；波长是脉冲电流的持续时间。幅值和波头决定了雷电流陡度。由于雷电流波头的长度变化范围不大，所以雷电流陡度和幅值必然密切相关，即幅值较大的雷电流也具有较大的陡度。

雷电流冲击波波头陡度可达到 50 kA/μs，平均陡度为 30 kA/μs。我国采用 2.6 μs 的固定波头长度，雷电流陡度越大，对电气设备造成的危害也越大。雷电陡度示意图如图4.3所示。

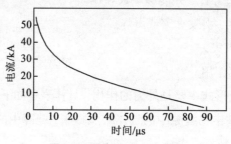

图 4.3　雷电流陡度示意图

4.1.3.4　雷电冲击过电压

直击雷冲击过电压很高，可达到数千千伏。

4.1.4　课后练习

4.1.4.1　单选题

（1）下列关于雷电破坏性的说法中，错误的是（　　）。

A.直击雷具有机械效应、热效应

B.闪电感应不会在金属管道上产生雷电波

C.雷电劈裂树木是雷电流使树木中的气体急剧膨胀或水汽化所致

D.雷击时，电视和通信受到干扰，源于雷击产生的静电场突变和电磁辐射

（2）雷击有电性质、热性质、机械性质等多方面的破坏作用，并产生严重后果，对人的生命、财产构成很大的威胁。下列各种危险危害中，不属于雷击危险危害的是（　　）。

A.引起变压器严重过负载

B.烧毁电力线路

C.引起火灾和爆炸

D.使人遭受致命电击

4.1.4.2　多选题

就危害程度而言，雷电灾害是仅次于暴雨洪涝、气象地质灾害的第三大气象灾害，我国每年将近1000人遭雷击死亡。雷击的破坏性与其特点有紧密关系，下列有关雷电特点的说法中，正确的有（　　）。

A.雷电的种类有直击雷、闪电感应和球雷

B.直击雷都有重复放电特征

C.雷击时产生的冲击过电压很高

D.雷电流陡度很大，即雷电流随时间上升的速度很快

E.每次雷击的全部放电时间一般不超过300 ms

4.2　防雷原则及措施

4.2.1　雷电防护原则

4.2.1.1　综合性原则

雷电的防护问题，应从直击雷的防护、雷电感应的防护方面进行全面的考虑。直击雷防护还要注意接闪系统、接地系统，雷电感应还要考虑电源系统、信号系统、等电位系统等。假如雷电的防护应注意五个方面问题，但如果只注意了四个方面，它的安全系数并非80%，其实际安全系数可能只有10%。造成这一现象的原因是雷电并不是专门袭击防护做得好的地方；恰恰相反，雷电常常袭击防护最弱、隐患最多的地方。

4.2.1.2　系统性原则

系统性原则即雷电防护各方面之间都有着各种联系，不应孤立地看待雷电防护的各个方面，而应把雷电防护作为一个系统工程来考虑。例如，雷电流的能量是连续的，而避雷器泄流并不连续，因此，需用多个避雷器逐级进行泄流，因为避雷器钳位电压越高，其残压也越大。

4.2.1.3　实用性原则

实用性原则就是在保证科学、合理、安全的前提下，以尽量低的资金投入，达到降低被保护设备的雷击损坏概率，从而提高设备的安全运行系数。

4.2.2　建筑物防雷分类

根据建筑物的重要性、生产性质、雷击后果的严重性及雷击可能性等因素综合考虑，可将建筑物防雷分为三类，如表4.2所列。

表 4.2　建筑物防雷分类

类别	建筑物种类
第一类防雷建筑物	（1）凡制造、使用或储存火（炸）药及其制品的危险建筑物，因电火花而引起爆炸、爆轰，会造成巨大的破坏和人身伤亡； （2）具有0区或20区爆炸危险场所的建筑物； （3）具有1区或21区爆炸危险场所的建筑物，因电火花而引起爆炸，会造成巨大的破坏和人身伤亡
第二类防雷建筑物	（1）国家级重点文物保护的建筑物； （2）国家级的会堂、办公建筑物、大型展览和博览建筑物、大型火车站和飞机场、国宾馆、国家级档案馆、大型城市的重要给水水泵房等特别重要的建筑物； （3）国家级计算中心、国际通信枢纽等对国民经济有重要意义的建筑物； （4）国家特级和甲级大型体育馆；

表 4.2(续)

类别	建筑物种类
第二类防雷 建筑物	(5) 制造、使用或贮存火(炸)药及其制品的危险建筑物,且电火花不易引起爆炸或不致造成巨大的破坏和人身伤亡; (6) 具有 1 区或 21 区爆炸危险场所的建筑物,且电火花不易引起爆炸或不致造成巨大破坏和人身伤亡; (7) 具有 2 区或 22 区爆炸危险场所的建筑物; (8) 有爆炸危险的露天钢质封闭气罐; (9) 预计雷击次数大于或等于 0.05 次/年的部(省)级办公建筑物,其他主要或人员密集的公共建筑物及火灾危险场所; (10) 预计雷击次数大于 0.25 次/年的住宅、办公楼等一般性民用建筑物或一般性工业建筑物
第三类防雷 建筑物	(1) 省级重点文物保护的建筑物及省级档案馆; (2) 预计雷击次数大于或等于 0.01 次/年且小于或等于 0.05 次/年的部(省)级办公建筑物,其他重要或人员密集的公共建筑物及火灾危险场所; (3) 预计雷击次数大于或等于 0.05 次/年且小于或等于 0.25 次/年的住宅、办公楼等一般性民用建筑物,或者一般性工业建筑物; (4) 在平均雷暴日大于 15 d/a 的地区,高度在 15 m 及以上的烟囱、水塔等孤立的高耸建筑物;在平均雷暴日小于或等于 15 d/a 的地区,高度在 20 m 及以上的烟囱、水塔等孤立的高耸建筑物

4.2.3 防雷技术分类

4.2.3.1 外部防雷

外部防雷主要是针对直击雷的防护,不包括防止外部防雷装置受到直接雷击时向其他物体的反击。

4.2.3.2 内部防雷

内部防雷是指防雷电感应、防反击及防雷击电涌侵入和防生命危险。

4.2.3.3 防雷击电磁脉冲

防雷击电磁脉冲是指对建筑物内电气系统和电子系统防雷电流引发的电磁效应,包含防经导体传导的闪电电涌和防辐射脉冲电磁场效应。

4.2.4 防雷装置

用于对建筑物进行雷电防护的整套装置称为防雷装置,如图 4.4 所示。

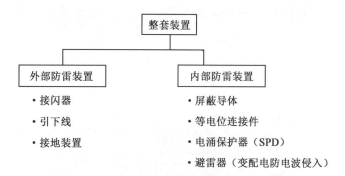

图 4.4 防雷装置简图

4.2.4.1 外部防雷装置(防直击雷)

（1）接闪器。

利用接闪器高出被保护物的地位，把雷电引向自身，起到拦截闪击的作用。通过引下线和接地装置，把雷电流泄入大地，使被保护物免受雷击，如图 4.5 所示。

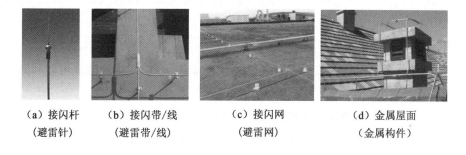

（a）接闪杆　　　（b）接闪带/线　　　（c）接闪网　　　（d）金属屋面
（避雷针）　　　（避雷带/线）　　　（避雷网）　　　（金属构件）

图 4.5 接闪器

接闪器的保护范围(滚球法)如图 4.6 所示。

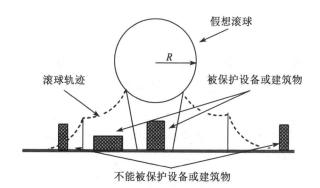

图 4.6 滚球法

（2）引下线。

引下线连接接闪器与接地装置的圆钢或扁钢等金属导体，用于将雷电流从接闪器传导至接地装置，如图 4.7 所示。

图4.7　引下线

引下线的相关要求如下：应满足机械强度、耐腐蚀和热稳定的要求；防直击雷的专设引下线距建筑物出入口或人行道边沿不宜小于3 m。

（3）接地装置。

接地装置是接地体和接地线的组合，用于传导雷电流并将其流散入大地。其冲击接地电阻小于工频接地电阻。

接地装置相关要求如下。

① 除独立接闪杆外，在接地电阻满足要求的前提下，防雷接地装置可以和其他接地装置共用。

② 独立接闪杆的冲击接地电阻不宜小于10 Ω。

③ 附设接闪器每根引下线的冲击接地电阻不应小于10 Ω。

④ 为了防止跨步电压伤人，防直击雷的人工接地体距建筑物出入口和人行道不应小于3 m。

4.2.4.2　内部防雷装置

（1）屏蔽导体。

屏蔽导体通常指电阻率小的良导体材料，由屏蔽导体可构成屏蔽层，当空间干扰电磁波入射到屏蔽层金属体表面时，会产生反射和吸收，电磁能量被衰减，从而起到屏蔽作用。

屏蔽导体一般包括：建筑物的钢筋及金属构件，电气设备及电子装置金属外壳，电气及信号线路的外设金属管、线槽、外皮、网、膜等。

（2）等电位联结件（等电位联结带/导体）。

利用等电位联结件可将分开的装置、诸导电物体连接起来，以减小雷电流在它们之间产生的电位差。在高层建筑物中，用均压环保证建筑物结构圈梁的各点电位相同，防止出现电位差。高层建筑物防雷采用的均压环如图4.8所示。

图 4.8 高层建筑物防雷采用的均压环

（3）电涌保护器。

电涌保护器是用于限制瞬态过电压和分泄电涌电流的器件，如图 4.9 所示。电涌保护器中至少有一个非线性元件。

图 4.9 电涌保护器

非线性元件主要包括：放电间隙、充气放电管、晶体闸流管，压敏电阻、抑制二极管，等等。非线性元件如图 4.10 所示。

图 4.10 非线性元件

各类电涌保护器的工作原理如下。

① "电压开关型"或"克罗巴型"电涌保护器。

主要工作元件为放电间隙、充气放电管、晶体闸流管等。无电涌出现，为高阻扰；当出现电压电涌时，突变为低阻抗。

② "限压型"或"箝压型"电涌保护器。

主要工作元件为压敏电阻和抑制二极管等。无电涌出现,为高阻抗;随着电涌电流和电压的增加,阻抗连续变小。

③ "组合型"电涌保护器。

由"电压开关型"元件和"限压型"元件组合而成的电涌保护器。

(4)避雷器。

避雷器用来防护雷电产生的过电压沿线路侵入变配电所或建筑物内,以免危及被保护电气设备的绝缘。

按照结构可将避雷器分为阀型避雷器(见图4.11)和氧化锌避雷器。其中,阀型避雷器上端接在架空线路上,下端接地。运行正常时,避雷器对地保持绝缘状态。当雷电冲击波到来时,避雷器被击穿,将雷电引入大地;冲击波过去后,避雷器自动恢复绝缘状态。

图 4.11 阀型避雷器

氧化锌避雷器因无间隙、无续流、残压低等特点被广泛地使用。它主要利用氧化锌阀片理想的非线性伏安特性,即在正常工频电压下呈现出高电阻特性,而在大电流时呈现出低电阻特性,限制了避雷器上的电压。

4.2.5 防雷措施

防雷措施主要包括:防直击雷的外部防雷装置,防止闪电电涌侵入的措施,设置相应的内部防雷装置,设置相应防雷等电位联结,考虑外部防雷装置被防护系统的间隔距离。

4.2.5.1 直击雷防护

第一、二、三类防雷建筑物均应设置防直击雷的外部防雷装置,高压架空电力线路、变电站等也应采取防直击雷的措施。直击雷防护的主要措施是装设接闪杆(见图4.12)、接闪线(网)。接闪杆分为独立接闪杆和附设接闪杆两种。

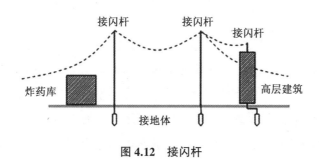

图 4.12　接闪杆

第一类防雷建筑物的直击雷防护措施要求装设独立接闪杆、架空接闪线(网)。

第二、三类防雷建筑物的直击雷防护措施,宜采用装设在建筑物上的接闪网、接闪带或接闪杆,或者由其混合组成的接闪器。

4.2.5.2　闪电感应防护

闪电感应防护的主要应用范围为第一类防雷建筑物和具有爆炸危险的第二类防雷建筑物。

闪电感应防护分为静电感应防护和电磁感应防护两种。

(1) 静电感应防护(静电产生的过电压)。

① 建筑物内的设备、管道、构架、钢屋架、钢窗、电缆金属外皮等较大金属物和突出屋面的放散管、风管等金属物,均应与防闪电感应的接地装置相连。

② 对于第二类防雷建筑物,可就近接至防直击雷接地装置或电气设备的保护接地装置上。

③ 静电感应防护可不单接接地装置。

(2) 电磁感应防护(电磁感应产生的电动势)。

① 平行敷设的管道、构架和电缆金属外皮等长金属物,其净距小于 100 mm 时,应采用金属线跨接,跨接点之间的距离不应超过 30 m;交叉净距小于 100 mm 时,其交叉处也应跨接。管道敷设方式如图 4.13 所示。

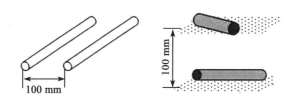

图 4.13　管道敷设方式

② 当长金属物的弯头、阀门、法兰盘等连接处的过渡电阻大于 0.03 Ω 时,连接处也应用金属线跨接。

③ 在非腐蚀环境下,对于不少于 5 根螺栓连接的法兰盘可不跨接。

④ 防电磁感应的接地装置也可与其他接地装置共用。

4.2.5.3 闪电电涌侵入防护

闪电电涌侵入事故占低压系统中事故70%以上,第一、二、三类防雷建筑物均应采取防闪电电涌侵入的防护措施。其主要防护措施如下。

(1)室外低压配电线路宜全线采用电缆直接埋地敷设,在入户处,应将电缆的金属外皮、钢管接到等电位联结带或防闪电感应的接地装置上。

(2)在入户处的总配电箱内是否装设电涌保护器应根据具体情况,按照雷击电磁脉冲防护的有关规定确定。

(3)当全线采用电缆有困难时,不得将架空线路直接引入屋内,允许从架空线上换接一段有金属铠装(埋地部分的金属铠装要直接与周围土壤接触)的电缆或护套电缆穿钢管直接埋地引入。

(4)电缆首端必须装设户外型电涌保护器,并与绝缘子铁脚、金具、电缆金属外皮等共同接地,入户端的电缆金属外皮、钢管必须接到防闪电感应接地装置上。

4.2.5.4 人身防雷

(1)室外人身防雷。

室外人身防雷的方法如下:减少户外活动时间,避免野外逗留,远离山丘、海滨、河边、池旁或暴露室外空旷处;不要骑在牲畜或自行车上行走,不使用有金属杆的物品,避开铁丝网、金属绳等。如果条件允许,应进入有防雷设施、宽大金属构架或金属壳的车辆和船只内。

(2)室内人身防雷。

室内人身防雷的方法如下:离开照明线、动力线、电话线、广播线、电视天线等1.5 m以上距离;尽量暂时不使用电器,拔掉电源插头;不要靠近可能造成二次放电的金属管线;关好门窗,防止球形闪电窜入。

(3)二次放电跨步电压。

防止二次放电跨步电压的方法如下:要远离建筑物的接闪杆及其接地引下线;远离各种天线、电线杆、高塔、烟囱、旗杆、孤独的树木和没有防雷装置的孤立小建筑。

4.2.6 课后练习

4.2.6.1 单选题

(1)建筑物防雷分类是按照建筑物的重要性、生产性质、遭受雷击的可能性和后果的严重性进行的。在建筑物防雷类别的划分中,电石库应划为第( )类防雷建筑物。

A.一　　　　　　　B.二　　　　　　　C.三　　　　　　　D.四

(2)建筑物防雷装置是指用于对建筑物进行雷电防护的整套装置,外部防雷装置是指用于防直击雷的防雷装置,以下选项中不属于外部防雷装置的是( )。

A.接闪器　　　　　B.电涌保护器　　　　C.引下线　　　　D.接地装置

（3）装设避雷针、避雷线、避雷网、避雷带都是防护（　　　）的主要措施。

A.雷电侵入波　　　B.直击雷　　　　　C.反击　　　　　D.二次放电

（4）接闪器的保护范围按照滚球法确定，滚球的半径按照建筑物防雷的类别确定，一类为（　　　）m。

A.20　　　　　　　B.25　　　　　　　C.30　　　　　　D.35

（5）防直击雷的专设引下线距建筑物出入口或人行道边沿不宜小于（　　　）m。

A.1.5　　　　　　　B.2　　　　　　　C.2.5　　　　　　D.3

（6）装设接闪杆、接闪线、接闪网、接闪带都是防护（　　　）的主要措施。

A.雷电侵入波　　　B.直击雷　　　　　C.反击　　　　　D.二次放电

（7）有一种防雷装置，当雷电冲击波到来时，该装置被击穿，将雷电流引入大地；而在雷电冲击波过去后，该装置自动恢复绝缘状态。这种装置是（　　　）。

A.接闪器　　　　　B.接地装置　　　　C.避雷针　　　　D.避雷器

4.2.6.2　多选题

（1）防雷的分类是建筑物按照（　　　）进行的分类。

A.重要性　　　　　　　　　　　B.遭受雷击的可能性

C.雷击的破坏性　　　　　　　　D.生产性质

E.后果的严重性

（2）闪电感应的防护主要有（　　　）。

A.直击雷防护　　　　　　　　　B.架空接闪线

C.静电感应防护　　　　　　　　D.电磁感应防护

E.装设接闪杆

第5章　静电防护技术

5.1　静电危害

5.1.1　静电的危害形式和事故后果

静电危害是由静电电荷或静电场能量引起的。材料的相对运动、接触与分离等原因导致相对静止的正电荷和负电荷的积累。电压可能高达数十千伏以上。

静电的危害形式和事故后果表现在以下三个方面。

(1)在有爆炸和火灾危险的场所,静电放电火花会成为可燃性物质的引燃源,造成爆炸和火灾事故。

(2)人体因受到静电电击的刺激,可能引发二次事故,如坠落、跌伤等。

(3)某些生产过程中,静电的物理现象会对生产产生妨碍,导致产品质量不良、电子设备损坏。

5.1.2　静电特性

5.1.2.1　静电的产生

只要两种物质紧密接触后再分离时,就可能产生静电。静电的产生是同接触电位差和接触面上的双电层直接相关的。

静电的起电方式主要有接触-分离起电、破断起电、感应起电、电荷迁移。

(1)接触-分离起电。

两种物体接触,当其间距小于 2.5×10^{-7} cm 时,由于不同原子得失电子的能力不同,不同原子外层电子的能级不同,其间发生电子的转移,这种现象称为接触-分离起电。

(2)破断起电。

材料破断后,能在宏观范围内导致正、负电荷的分离。例如,固体粉碎、液体分离过程的起电均属于破断起电。

(3)感应起电。

把一个导体进行接地,将另一个带电体向接地导体靠近时,会出现接地导体产生感应电荷,将带电体移开并将接地导体断开接地后,导体出现带电的现象称为感应起电。感应起电示意图如图5.1所示。

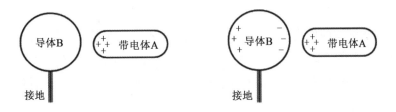

图 5.1　感应起电示意图

（4）电荷迁移。

当一个带电体与一个非带电体接触时，电荷将发生迁移而使非带电体带电的现象称为电荷迁移。例如，当带电雾滴或粉尘撞击导体时，便会产生电荷迁移；当气体离子流射在不带电的物体上时，也会产生电荷迁移。

5.1.2.2　静电的带电形式

（1）固体静电。

任何两个不同的物相接触都会在两相间产生电势，这是因为电荷分离引起的。两相各有过剩的电荷，电量相等，正、负号相反，相互吸引，形成双电层。

接触电位差是指两种不同金属接触时产生的电位差，与金属材质和接触面温度等因素有关。

双电层上的接触电位差是极为有限的，而固体静电电位可高达数万伏以上。

将两种相近的两个带电面看成电容器的极板，根据电容决定式可知：

$$C = \frac{\varepsilon S}{4\pi k d}, \quad C = \frac{Q}{U} \tag{5.1}$$

橡胶、塑料、纤维等行业工艺过程中的静电高达数十千伏，甚至数百千伏，如不采取有效措施，则很容易引起火灾。

（2）人体静电。

人体静电引发的放电是酿成静电灾害的重要原因之一。人体静电的产生主要由摩擦、接触–分离和感应所致。例如，穿着化纤衣料服装的人从人造革面的椅子上起立时，人体静电瞬间可达 10 kV 以上。

（3）粉体静电。

粉体实质是微小颗粒状态下的固体，符合双电层原理。当粉体物料被研磨、搅拌、筛分或处于高速运动时，由于粉体颗粒与颗粒之间及粉体颗粒与管道壁、容器壁或其他器具之间的碰撞、摩擦，或者因粉体破断等，都会产生危险的静电。

（4）液体静电。

液体在流动、过滤、搅拌、喷雾、喷射、飞溅、冲刷、灌注和剧烈晃动等过程中，由于静电荷的产生速度高于静电荷的泄漏速度，从而积聚静电荷，可能产生十分危险的静电。

（5）蒸气和气体静电。

完全纯净的气体即使高速流动或高速喷射，也不会产生静电，但由于气体内往往含有灰尘、铁末、液滴、蒸气等固体颗粒或液体颗粒，它们碰撞、摩擦、分裂，从而产生静电。例如，喷漆过程实质是将含有大量杂质的气体高速喷出，伴随比较强的静电产生。

5.1.2.3　静电的消散

静电消散的类型、途径及特点如表5.1所列。

表 5.1　静电消散的类型、途径及特点

消散类型	消散途径	特点
静电中和	通过空气发生	自然界带电粒子有限，中和极为缓慢，不易察觉
		带电体静电空气迅速中和发生在放电时
静电泄漏	带电体本身及相连接物体	表面泄漏，漏电电流遇到的是表面电阻
		内部泄漏，漏电电流遇到的是体积电阻

5.1.2.4　静电的影响因素

（1）材质和杂质的影响。

① 材质：高分子材料（如橡胶、沥青等）更容易产生静电；水分流动、搅拌、喷射、沉降也会产生静电，如油罐底部积水，搅动后易引发爆炸。

② 杂质：一般情况下，杂质有更容易产生静电的趋势；杂质能降低原材料的电阻率，从而有利于静电的泄漏。

（2）工艺设备和工艺参数的影响。

接触面积、压力、摩擦、工艺速度都会对静电产生影响。下面是容易产生和积累静电的典型工艺过程。

① 纸张与辊轴摩擦、传动皮带与皮带轮或辊轴摩擦等，橡胶的碾制、塑料压制、上光等，塑料的挤出、赛璐珞的过滤等。

② 固体物质的粉碎、研磨过程，粉体物料的筛分、过滤、输送、干燥过程，悬浮粉尘的高速运动，等等。

③ 在混合器中各种高电阻率物质的搅拌。

④ 高电阻率液体在管道中流动且流速超过 1 m/s；液体喷出管口；液体注入容器，发生冲击、冲刷和飞溅等。

⑤ 液化气体、压缩气体或高压蒸气在管道中流动和由管口喷出，如从气瓶放出压缩气体、喷漆等。

5.2　静电安全防护

静电安全防护主要是对爆炸和火灾的防护。

5.2.1　环境和工艺控制

5.2.1.1　环境危险程度的控制

(1)取代易燃介质。

利用三氯乙烯、四氯化碳、氢氧化钠或氢氧化钾代替汽油、煤油作为洗涤剂。

(2)降低爆炸性气体和蒸气混合物的浓度。

在爆炸和火灾危险环境中,采用机械通风装置及时排出爆炸性危险物质。

(3)减少氧化剂含量。

采用充填氮、二氧化碳或其他不活泼的气体的方法,减少爆炸性气体、蒸气或爆炸性粉尘中氧的含量,以消除燃烧条件。当混合物中氧含量不超过 8% 时,即不会引起燃烧。

5.2.1.2　工艺控制(限制和避免静电危害)

(1)材料的选用。

在存在摩擦且容易产生静电的工艺环节,生产设备宜使用与生产物料相同的材料,或采用位于静电序列中段的金属材料制成生产设备,以减轻静电的危害。静电序列如图 5.2 所示。

(+)玻璃→头发→尼龙→羊毛→人造纤维→丝绸→醋酸人造丝→人造毛混纺→

纸纤维和滤纸→黑橡胶→维尼纶→莎纶→聚酯纤维→电石→聚乙烯→可耐可龙→

赛璐珞(塑料)→玻璃纸→氯乙烯→聚四氟乙烯

图 5.2　静电序列

(2)限制物料的运动速度。

① 汽车罐车采用顶部装油时,装油鹤管应深入到槽罐底部 200 mm。

② 油罐装油时,注油管出口应尽可能接近油罐底部。

③ 对于电导率低于 50 pS/m 的液体石油产品,初始流速不应大于 1 m/s;当注入口浸没 200 mm 后,可逐步提高流速,但最大流速不应超过 7 m/s。

④ 灌装铁路罐车时,烃类液体在鹤管内的容许流速为 $v_D \leq 0.8$ m/s。

⑤ 灌装汽车罐车时,烃类液体在鹤管内的容许流速为 $v_D \leq 0.5$ m/s。

(3)加大静电消散过程。

① 在输送工艺过程中,在管道的末端加装一个直径较大的缓和器,可大大降低液体在管道内流动时积累的静电。例如,液体石油产品从精细过滤器出口到储器留有 30 s 的缓和时间。

② 为了防止静电放电,在液体灌装、循环或搅拌过程中,不得进行取样、检测或测温操作。进行上述操作前,应使液体静置一定的时间,使静电得到足够的消散。

5.2.2 静电接地(最基本措施)

静电接地是最基本的静电防护措施。

5.2.2.1 接地目的

静电接地使工艺设备与大地之间构成电气上的泄漏通路,将产生在工艺过程的静电泄漏于大地,防止静电的积聚。

5.2.2.2 接地要求

(1)在静电危险场所,所有属于静电导体的物体必须接地。

(2)凡用来加工、储存、运输各种易燃液体、易燃气体和粉体的设备都必须接地。

(3)工厂或车间的氧气、乙炔等管道必须连成一个整体并接地。

(4)可能产生静电的管道两端和每隔 200~300 m 处均应接地。

(5)平行管道相距 10 cm 以内,每隔 20 m 应用连接线互相连接起来。管道与管道或管道与其他金属物件交叉或接近,当其间距小于 10 cm 时,也应互相连接起来。

(6)汽车槽车、铁路槽车在装油之前,应与储油设备跨接并接地;装、卸完毕,先拆除油管,后拆除跨接线和接地线。

(7)静电泄漏电流很小,所有单纯为了消除导体上静电的接地,其防静电接地电阻原则上不得超过 1 MΩ;但出于检测方便等考虑,规程要求接地电阻不应大于 100 Ω。

5.2.3 其他静电防护措施

5.2.3.1 增湿(增强静电沿绝缘体表面泄漏)

局部环境的相对湿度宜增加至 50% 以上。增湿并非对所有绝缘体都有效,关键要看能否在其表面形成水膜。

5.2.3.2 抗静电添加剂(具有良好导电性或较强吸湿性)

加入抗静电添加剂之后,材料能降低体积电阻率或表面电阻率。

5.2.3.3 静电中和器(静电消除器)

将气体分子进行电离,产生消除静电所必要的离子(一般为正、负离子对)的机器。使用静电中和器,让与带电物体上静电荷极性相反的离子去中和带电物体上的静电,以减少物体上的带电量。

5.2.3.4 气体爆炸危险场所等级属 0 区及 1 区的作业要求

作业人员应穿着防静电工作服和防静电工作鞋、袜,佩戴防静电手套。禁止在静电危险场所穿脱衣物、帽子及类似物,并避免剧烈的身体运动。

5.2.4　课后练习

5.2.4.1　单选题

(1) 化工管路中的静电如不及时消除，很容易产生电火花而引起火灾或爆炸。下列各项措施中，能够起到防静电作用的是(　　)。

A.管道架空敷设　　　　　　　　B.设置补偿器

C.管线接地　　　　　　　　　　D.管道敷设有一定坡度

(2) 静电防护的措施包括环境危险程度的控制、工艺控制、静电接地、增湿等。下列措施中，属于工艺控制的是(　　)。

A.减少氧化剂含量　　　　　　　B.降低爆炸性气体、蒸气混合物的浓度

C.取代易燃介质　　　　　　　　D.限制物料的运动速度

(3) 静电中和器是将气体(　　)进行电离，产生消除静电所必要的(　　)的机器。

A.分子，电子　　　B.离子，电子　　　C.离子，离子　　　D.分子，离子

(4) 工艺过程中所产生的静电有多种危险，必须采取有效的互相结合的技术措施和管理措施进行预防。下列关于预防静电危险的措施中，错误的做法是(　　)。

A.降低工艺速度　　　　　　　　B.增大相对湿度

C.高绝缘体直接接地　　　　　　D.应用抗静电添加剂

(5) (　　)的作用主要是增强静电沿绝缘体表面的泄漏。

A.抗静电添加剂　　　B.加大静电消散　　　C.增湿　　　　D.减少氧化剂含量

5.2.4.2　多选题

(1) 生产工艺过程中所产生静电的最大危险是引起爆炸。因此，在爆炸危险环境中，必须采取严密的防静电措施。下列各项措施中，属于防静电措施的有(　　)。

A.安装短路保护和过载保护装置

B.将作业现场所有不带电的金属连成整体并接地

C.限制流速

D.增加作业环境的相对湿度

E.安装不同类型的静电消除器

(2) 为防止静电放电火花引起的燃烧爆炸，在采取的下列几种措施中，描述正确的是(　　)。

A.控制易燃液体在管道中的流速

B.接地是消除静电危害最常用的方法之一

C.消散过程的加强不利于静电危害的减轻

D.生产人员和工作人员应尽量穿尼龙或涤纶材质的工作服

E.可用喷水或喷水蒸气的方法增加空气湿度，防止静电

第6章 电气装置安全技术

6.1 变配电站安全

变配电站是工业企业的动力枢纽。变配电站装有变压器、互感器、避雷器、电力电容器、高低压开关、高低压母线、电缆等多种高压设备和低压设备。变配电室如图 6.1 所示。

图 6.1 变配电室

6.1.1 变配电站位置

变配电站的位置应符合供电、建筑、安全的基本原则。根据《20 kV 及以下变电所设计规范》(GB 50053—2013)规定,变配站位置应符合以下要求。

(1) 宜接近负荷中心。

(2) 宜接近电源侧。

(3) 应方便进出线。

注意:以上三项规定的内容要经过详细测算、比较才能确定其合理性、可行性,但应重视此三项的要求,因为其关系到初投资及以后的经济运行、节约能源等。其中第(2)项内容一般情况下应尽量满足。

(4) 应方便设备运输。

(5) 不应设在有剧烈振动或高温的场所。

注意:第(4)(5)项内容在一般民用建筑中较容易做到。

(6) 不宜设在多尘或有腐蚀性物质的场所,当无法远离时,不应设在污染源盛行风向的下风侧,或应采取有效的防护措施。

(7) 不应设在厕所、浴室、厨房或其他经常积水场所的正下方处,也不宜设在与上述场所相贴邻的地方。当贴邻时，相邻的隔墙应做无渗漏、无结露的防水处理。

（8）当与有爆炸或火灾危险的建筑物毗连时，变电所的所址应符合现行国家标准的有关规定。

（9）不应设在地势低洼和可能积水的场所。

（10）不宜设在对防电磁干扰有较高要求的设备机房的正上方、正下方或与其贴邻的场所，当需要设在上述场所时，应采取防电磁干扰的措施。

6.1.2 建筑结构

（1）高压配电室、低压配电室、油浸电力变压器室、电力电容室、蓄电池室（应隔离）为耐火建筑。

注意：蓄电池室在充电或放电过程中会析出相当能量的氢气，同时产生一定的热量，火灾爆炸危险性高。

（2）室内油量为 600 kg 以上的充油设备必须有事故蓄油设施。储油坑应能容纳100%的油。

注意：事故蓄油设备的作用就是防止主变压器等充油电气设备损坏后，油外泄引起火灾等使事故扩大。事故蓄油设备示意图如图 6.2 所示。

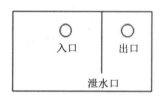

图 6.2 事故蓄油设备示意图

（3）变配电站各间隔的门应向外开启；门两面都有配电装置时，应两边开启。实体门为非燃烧（难燃烧）体材料制作。长度超过 7 m 的高压配电室和长度超过 10 m 的低压配电室至少应有两扇门。

如图 6.3 所示，某低压配电室应配置 2 扇门。

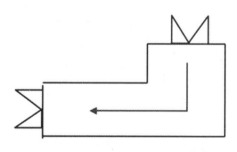

图 6.3 低压配电室示意图

6.1.3 变配电站安全措施及技术要求

6.1.3.1 间距、屏护和隔离

变配电站各部间距和屏护应符合专业标准的要求；室外变配电装置与建筑物应保持规定的防火间距。

室内充油设备油量隔离要求如下。

(1)60 kg 以下的设备允许安装在两侧有隔板的间隔内。

(2)油量为 60~600 kg 的设备须装在有防爆隔墙的间隔内。

(3)油量在 600 kg 以上的设备应安装在单独的间隔内。

6.1.3.2 通道

如图 6.4 所示，高压配电装置长度大于 6 m 时，其柜后通道应设置 2 个出口；当低压配电装置 2 个出口间距超过 15 m 时，应增加出口。

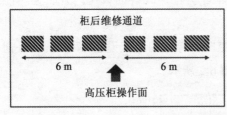 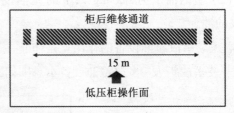

图 6.4 配电室通道示意图

6.1.3.3 通风

蓄电池室、变压器室、电力电容器室应有良好的通风。

注意：通风门窗不应直通相邻的酸、碱、蒸汽、粉尘和噪声严重的建筑或街道。

6.1.3.4 封堵

门窗及孔洞应设置网孔小于 10 mm×10 mm 的金属网，防止小动物钻入。通向站外的孔洞、沟道应予封堵。

6.1.3.5 标志

变配电站的重要部位应设有"止步，高压危险！"等标志。

6.1.3.6 联锁装置

断路器与隔离开关操动机构之间、电力电容器的开关与其放电负荷之间应装有可靠的联锁装置。

6.1.3.7 电气设备正常运行

电气设备正常运行的要求是：电流、电压、功率因数、油量、油色、温度指示应正常；连接点应无松动、过热迹象；门窗、围栏等辅助设施应完好；声音应正常，应无异常气味；瓷绝缘不得掉瓷、有裂纹和放电痕迹，并保持清洁；充油设备不得漏油、渗油。

6.1.3.8　安全用具和灭火器材

变配电站应备有绝缘杆、绝缘夹钳、绝缘靴、绝缘手套、绝缘垫、绝缘站台、各种标示牌、临时接地线、验电器、脚扣、安全带、梯子等各种安全用具。变配电站应配备可用于带电灭火的灭火器材。

6.1.3.9　技术资料

变配电站应备有高压系统图、低压系统图、电缆布线图、二次回路接线图、设备使用说明书、试验记录、测量记录、检修记录、运行记录等技术资料。

6.1.3.10　管理制度

变配电站应建立并执行各项行之有效的规章制度。如工作票制度、操作票制度、工作许可制度、工作监护制度、值班制度、巡视制度、检查制度、检修制度及防火责任制、岗位责任制等规章制度。

6.1.4　课后练习

单选题

（1）室内油量为 600 kg 以上的充油设备必须有事故蓄油设施。储油坑应能容纳（　　）的油。

A.50%　　　　　　　B.70%　　　　　　　C.90%　　　　　　　D.100%

（2）油量为 600 kg 以上的室内充油设备应安装在（　　）。

A.两侧有隔板的间隔内　　　　　　B.有防爆隔墙的间隔内

C.单独的间隔内　　　　　　　　　D.建筑地下室内

（3）高压配电装置长度大于 6 m 时，其柜后通道至少应设（　　）个出口。

A.1　　　　　　　　B.2　　　　　　　　C.3　　　　　　　　D.4

（4）低压配电装置 2 个出口间距超过（　　）时，应增加出口。

A.2 m　　　　　　　B.5 m　　　　　　　C.10 m　　　　　　D.15 m

（5）室内充油设备油量为（　　）时，须装在有防爆隔墙的间隔内。

A.0~60 kg　　　　　　　　　　　B.60~600 kg

C.600~800 kg　　　　　　　　　D.800~1000 kg

（6）变配电站各间隔的门应（　　）开启；门的两面都有配电装置时，应（　　）开启。

A.向外；向外　　　　　　　　　　B.向内；向内

C.向外；两边　　　　　　　　　　D.向内；旋转

6.2 主要变配电设备安全和配电柜(箱)

6.2.1 电力变压器

6.2.1.1 变压器的安装要求

(1)变压器各部件及本体的固定必须牢固。

(2)电气连接必须良好;铝导体与变压器的连接应采用铜铝过渡接头。

(3)不接地的10 kV系统中,变压器的接地一般是其低压绕组中性点、外壳及阀型避雷器三者共用的接地。接地必须良好,接地线上应有可断开的连接点。

(4)变压器防爆管喷口前方不得有可燃物体。

(5)位于地下的变压器室的门、变压器室通向配电装置室的门、变压器室之间的门,均应为防火门。

(6)居住建筑物内安装的油浸式变压器,单台容量不得超过400 kV·A。

(7)10 kV变压器壳体距门不应小于1 m,距墙不应小于0.8 m,装有操作开关时,不应小于1.2 m。

(8)采用自然通风时,变压器室地面应高出室外地面1.1 m。

(9)变压器室的门和围栏上应有"止步,高压危险!"的明显标志。

(10)一次引线和二次引线均应采用绝缘导线。

(11)容量不超过315 kV·A的变压器,可在柱上安装(如图6.5所示);容量在315 kV·A以上的变压器,应在台上安装。

图6.5 柱上安装变压器

① 柱上变压器底部距地面高度不应小于2.5 m。

② 裸导体距地面高度不应小于3.5 m。

③ 变压器台高度一般不应低于0.5 m。

④ 围栏高度不应低于 1.7 m。

⑤ 变压器壳体距围栏不应小于 1.0 m。

⑥ 变压器操作面距围栏不应小于 2.0 m。

6.2.1.2　变压器运行

(1)运行中变压器高压侧电压偏差不得超过额定值的±5%，低压最大不平衡电流不得超过额定电流的 25%。

(2)变压器室的门窗、通风孔、百叶窗、防护网、照明灯应完好。

(3)室外变压器基础不得下沉，电杆应牢固，不得倾斜。

(4)干式变压器的安装场所应有良好的通风，且空气相对湿度不得超过 70%。

(5)变压器运行时，上层油温一般不应超过 85 ℃；冷却装置应保持正常。

(6)呼吸器内吸潮剂应为淡蓝色。

(7)通向气体继电器的阀门和散热器的阀门应保持在打开状态，防爆管的膜片应完整。

油浸式变压器如图 6.6 所示。

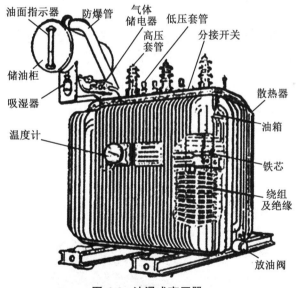

图 6.6　油浸式变压器

6.2.2　高压开关

高压开关指高压断路器、高压隔离开关、高压负荷开关等完成线路转换的设备。

6.2.2.1　高压断路器

高压断路器是整个电力系统中最重要、最复杂的开关设备。高压断路器有强力灭弧装置，既能在正常情况下接通和分断负荷电流，又能借助继电保护装置，在故障情况下，切断过载电流和短路电流。

(1)危险因素。

断路器分断电路时，如电弧不能及时熄灭，不但断路器本身可能受到严重损坏，而且可能迅速发展为弧光短路，导致更为严重的事故。

(2)断路器分类。

按照灭弧介质和灭弧方式，可将断路器分为少油断路器、多油断路器、真空断路器、六氟化硫断路器、压缩空气断路器、固体产气断路器和磁吹断路器。其中，高压断路器必须与高压隔离开关或隔离插头串联使用。

6.2.2.2　高压隔离开关

高压隔离开关俗称刀闸，没有专门的灭弧装置，不能用来接通和分断负荷电流，更不能用来切断短路电流。它主要用来隔断电源，以保证检修和倒闸操作的安全。

高压隔离开关的使用要求如下。

(1)高压隔离开关安装应当牢固，电气连接应当紧密、接触良好。

(2)与铜、铝导体连接须采用铜铝过渡接头。

(3)高压隔离开关不能带负荷操作(拉闸、合闸前，应检查与之串联安装的断路器是否在分闸位置)。

(4)运行中的高压隔离开关连接部位温度不得超过 75 ℃，机构应保持灵活。

6.2.2.3　高压断路器和高压隔离开关的使用程序

(1)切断电路时，必须先拉开断路器，后拉开隔离开关。

(2)接通电路时，必须先合上隔离开关，后合上断路器。

(3)为确保断路器与隔离开关之间的正确操作顺序，除严格执行操作制度外，10 kV系统中常安装机械式或电磁式联锁装置。

6.2.2.4　高压负荷开关

高压负荷开关是具有简单灭弧、接通和断开负荷电流功能的装置，如图 6.7 所示。

图 6.7　高压负荷开关

(1)高压负荷开关必须与有高分断能力的高压熔断器配合使用，由熔断器切断短路电流。

（2）高压负荷开关分断负荷电流时，如有强电弧产生，前方不得有可燃物。

6.2.3 配电柜（箱）

配电柜（箱）是配电系统的末级设备，分为动力配电柜（箱）和照明配电柜（箱），如图6.8 所示。

（a）动力配电柜　　　　　　　　（b）照明配电柜

图 6.8　动力配电柜和照明配电柜

6.2.3.1　配电柜（箱）安装

（1）配电柜（箱）应用不可燃材料制作。

（2）触电危险性小的生产场所和办公室，可安装开启式的配电板。

（3）触电危险性大或作业环境较差的加工车间、铸造车间、锻造车间、热处理车间、锅炉房、木工房等场所，应安装封闭式柜（箱）。

（4）有导电粉尘或产生易燃易爆气体的危险作业场所，必须安装密闭式或防爆型的电气设施。

（5）配电柜（箱）各电气元件、仪表、开关和线路应排列整齐、安装牢固、操作方便，柜（箱）内应无积尘、无积水、无杂物。

（6）落地安装的柜（箱）底面应高出地面50~100 mm；操作手柄中心高度一般为1.2~1.5 m；柜（箱）前方0.8~1.2 m范围内应无障碍物。

（7）保护线连接可靠。

（8）柜（箱）以外不得有裸带电体外露，装设在柜（箱）外表面或配电板上的电气元件必须有可靠的屏护。

6.2.3.2　配电柜（箱）运行

配电柜（箱）内各电气元件及线路应接触良好、连接可靠，不得有严重发热、烧损现象。配电柜（箱）的门应完好，门锁应由专人保管。

6.2.4　课后练习

6.2.4.1　单选题

（1）以下关于变压器安装要求的说法中，错误的是（　　）。

A.电气连接必须良好；铝导体与变压器的连接应采用不锈钢过渡接头

B.变压器防爆管喷口前方不得有可燃物体

C.采用自然通风时，变压器室地面应高出室外地面1.1 m

D.一次引线和二次引线均应采用绝缘导线

（2）以下设备有强力灭弧装置的是（　　）。

A.高压隔离开关　　　B.延时继电器　　　C.高压断路器　　　D.高压负荷开关

（3）配电柜（箱）分为动力配电柜（箱）和照明配电柜（箱），是配电系统的（　　）设备。

A.初级　　　　　　　B.中间级　　　　　　C.末级　　　　　　　D.终端设备

（4）干式变压器的安装场所应有良好的通风，且空气相对湿度不得超过（　　）。

A.40%　　　　　　　B.50%　　　　　　　C.60%　　　　　　　D.70%

（5）变压器运行时，上层油温一般不应超过（　　）℃。

A.90　　　　　　　　B.85　　　　　　　　C.80　　　　　　　　D.75

6.2.4.2　多选题

下列关于配电柜（箱）的安装要求中，正确的有（　　）。

A.触电危险性较大的生产场所和办公室，应当安装开启式配电板

B.配电柜（箱）应用不可燃材料制作

C.落地安装的柜（箱）底面应高出地面80~160 mm

D.配电柜（箱）各电气元件、仪表、开关和线路应排列整齐、安装牢固、操作方便，柜（箱）内应无积尘、无积水、无杂物

E.装设在柜（箱）外表面的电气元件应当有选择性地配置屏护

6.3　用电设备和低压电器

6.3.1　电气设备外壳防护

电气设备的外壳防护包括固体异物进入壳内设备的防护、人体触及内部危险部件的防护和水进入内部的防护。

外壳防护等级标志代码字母如图6.9所示。

| IP | 第一位特征数 | 第二位特征数 | 附加字母 | 补充字母 |

图6.9　外壳防护等级标志代码字母

注意：如果不要求特征数，可由"X"代替；附加字母和补充字母可省略。

6.3.1.1 第一位特征数字所代表的防护等级

第一位特征数字所代表的防护等级简要说明如表 6.1 所列。

表 6.1　第一位特征数字所代表的防护等级

第一位特征数字	简要说明
0	无防护
1	防止手背接近危险部件；防止直径不小于 50 mm 的固体异物
2	防止手背接近危险部件；防止直径不小于 12.5 mm 的固体异物
3	防止工具接近危险部件；防止直径不小于 2.5 mm 的固体异物
4	防止直径不小于 1.0 mm 的金属线接近危险部件；防止直径不小于 1.0 mm 的固体异物
5	防止直径不小于 1.0 mm 的金属线接近危险部件；防尘
6	防止直径不小于 1.0 mm 的金属线接近危险部件；尘密

6.3.1.2 第二位特征数字所代表的防护等级

第二位特征数字所代表的防护等级简要说明如表 6.2 所列。

表 6.2　第二位特征数字所代表的防护等级

第二位特征数字	简要说明
0	无防护
1	防止垂直方向滴水
2	防止外壳在 15° 范围内倾斜时垂直方向滴水
3	防淋水
4	防溅水
5	防喷水
6	防猛烈喷水
7	防短时间浸水
8	防持续浸水

6.3.2　手持电动工具和移动式电气设备

6.3.2.1 手持电动工具的分类

（1）Ⅰ类：基本绝缘型电动工具，额定电压不小于 50 V。

（2）Ⅱ类：双重绝缘结构的电动工具，额定电压不小于 50 V。

（3）Ⅲ类：安全电压工具，额定电压不大于 50 V。安全电压工具必须用安全电源供电。

6.3.2.2 安全使用条件

（1）Ⅱ类、Ⅲ类设备没有保护接地或保护接零的要求；Ⅰ类设备必须采取保护接地或保护接零措施。设备的保护线应接保护干线。

（2）移动式电气设备的电源插座和插销应有专用的接零（地）插孔和插头。

（3）移动式电气设备的保护零线（或地线）不应单独敷设，而应当与电源线采取同样的防护措施，即采用带有保护芯线的橡皮套软线作为电源线。电缆不得有破损或龟裂，中间不得有接头；电源线与设备之间防止拉脱的紧固装置应保持完好。设备的软电缆及其插头不得任意接长、拆除或调换。

（4）在一般场所，手持电动工具应采用Ⅱ类设备。在潮湿或金属构架等导电性能良好的作业场所，必须使用Ⅱ类或Ⅲ类设备。在锅炉内、金属容器内、管道内等狭窄的特别危险场所，应使用Ⅲ类设备；若使用Ⅱ类设备，则必须装设额定剩余动作电流不大于 15 mA、动作时间不大于 0.1 s 的漏电保护器；而且，Ⅲ类设备的隔离变压器、Ⅱ类设备的漏电保护器及Ⅱ类、Ⅲ类设备控制箱和电源连接器等必须放在作业场所的外面。

（5）使用Ⅰ类设备应配用绝缘手套、绝缘鞋、绝缘垫等安全用具。

（6）设备的电源开关不得失灵、不得破损，并应安装牢固，接线不得松动，转动部分应灵活。

（7）绝缘电阻应合格，带电部分与可触及导体之间的绝缘电阻Ⅰ类设备不低于 2 MΩ，Ⅱ类设备不低于 7 MΩ。

6.3.3 电焊设备安全使用要求

（1）电弧熄灭时，焊钳电压较高，为了防止触电及其他事故，电焊工人应当戴帆布手套、穿胶底鞋。在金属容器中工作时，电焊工人还应戴好头盔、护肘等防护用品。电焊工人的防护用品应能防止烧伤和射线伤害。

（2）在高度触电危险环境中进行电焊时，可以安装空载自停装置。

（3）固定使用的弧焊机的电源线与普通配电线路有同样要求，移动使用的弧焊机的电源线应按照临时线处理。弧焊机的二次线路最好采用两条绝缘线。

（4）弧焊机的电源线上应装设隔离电器、主开关和短路保护电器。

（5）电焊机外露导电部分应采取保护接零（或接地）措施。为了防止高压窜入低压造成的危险和危害，交流弧焊机二次侧应当接零（或接地）。但必须注意二次侧接焊钳的一端是不允许接零或接地的，二次侧的另一条线也只能一点接零（或接地），以防止部分焊接电流经其他导体构成回路。

（6）弧焊机一次绝缘电阻不应低于 1 MΩ，二次绝缘电阻不应低于 0.5 MΩ。弧焊机应安装在干燥、通风良好处，不应安装在易燃易爆、有腐蚀性气体、有严重尘垢或剧烈震动的环境。室外使用的弧焊机应采取防雨雪措施,工作地点下方有可燃物品时,应采取适当的安全措施。

(7)移动焊机时,必须断电。

6.3.4　低压保护电器

低压保护电器是用于获取、转换、传达信号的设备,主要包括熔断器、热继电器等。

6.3.4.1　熔断器

(1)熔断器的定义。

熔断器熔体的热容量很小,动作很快,在照明线路和其他没有冲击载荷的线路中,宜于用作短路保护元件;熔断器也可用作过载保护元件。

① 管式熔断器(见图 6.10)主要用于大容量的线路中。例如,纤维材料管可利用纤维材料分解大量的气体进行灭弧,陶瓷管可通过填充石英砂来冷却和灭弧。

图 6.10　管式熔断器

② 螺塞式熔断器和插式熔断器主要用于中、小容量的电力线路中。

(2)熔断器的防护形式应满足生产环境的要求。

熔断器的额定电压应符合线路电压,额定电流应满足安全条件和工作条件的要求,极限分断电流应大于线路上可能出现的最大故障电流。

对于单台笼型电动机,熔体额定电流可按照式(6.1)选取:

$$I_{FU} = (1.5 \sim 2.5) I_N \tag{6.1}$$

式中, I_{FU}——熔体额定电流;

I_N——电动机额定电流。

对没有冲击负荷的线路,熔体额定电流可按照式(6.2)选取:

$$I_{FU} = (0.85 \sim 1.00) I_W \tag{6.2}$$

式中, I_W——线路导线许用电流。

同一熔断器可以配用几种不同规格的熔体,但熔体的额定电流不得超过熔断器的额定电流。在爆炸危险的环境中,不得装设电弧可能与周围介质接触的熔断器;在一般环境中,必须考虑采取防止电弧飞出的措施。不得轻易改变熔体的规格,不得使用不明规格的熔体。

6.3.4.2　热继电器

热继电器主要利用电流的热效应进行线路保护，由热元件、双金属片、控制触头等组成。其特点是热容量较大、动作不快，只用于过载保护。

电流选用原则是：原则上，热元件的额定电流应按照电动机的额定电流选取。具体如下。

（1）过载能力较低的电动机。

如果启动条件允许，可按照其额定电流的 60%～80% 选取。

（2）工作繁重的电动机。

可按照其额定电流的 110%～125% 选取。

（3）照明线路。

可按照其负荷电流的 0.85～1.00 倍选取。

6.3.5　课后练习

6.3.5.1　单选题

（1）外壳防护等级标志中，第二位特征数字为 5 代表的是（　　）。

A.防止垂直方向滴水　　　　　　　　B.防淋水

C.防溅水　　　　　　　　　　　　　D.防喷水

（2）手持电动工具共分（　　）类。

A.1　　　　　　　B.2　　　　　　　C.3　　　　　　　D.4

（3）热继电器主要利用电流的热效应进行线路保护。以下选项中不属于其组成部分的是（　　）。

A.热元件　　　　　　B.电磁机构　　　　　　C.控制触头　　　　D.双金属片

（4）标志为 IP54 的电气设备外壳具有（　　）的防护能力。

A.尘密；防止直径不小于 1.0 mm 的金属线接近危险部件；防溅水

B.防尘；防止直径不小于 1.0 mm 的金属线接近危险部件；防溅水

C.尘密；防止直径不小于 1.0 mm 的金属线接近危险部件；防喷水

D.防尘；防止直径不小于 1.0 mm 的金属线接近危险部件；防喷水

6.3.5.2　多选题

电气设备的外壳防护包括（　　）。

A.固体异物进入壳内的防护　　　　　B.有毒有害气体进入壳内的防护

C.人体触及内部危险部件的防护　　　D.水进入内部的防护

E.小动物进入壳内的防护

第7章 燃烧与爆炸

7.1 燃烧

7.1.1 燃烧和火灾的定义、条件

7.1.1.1 燃烧的定义

燃烧是物质与氧化剂之间的放热反应，通常同时释放出火焰或可见光，如图 7.1 所示。

图 7.1 燃烧

7.1.1.2 火灾的定义

在时间和空间上失去控制的燃烧所造成的灾害称为火灾。以下情况也列入火灾的统计范围。

(1)民用爆炸物品引起的火灾。

(2)易燃或可燃液体、可燃气体、蒸气、粉尘及其他化学易燃易爆物品爆炸和爆炸引起的火灾。(不含地下矿井爆炸引起的火灾。)

(3)破坏性试验中引起非实验体燃烧的事故。

(4)因机电设备内部故障导致外部明火燃烧而需要组织扑灭的事故，火灾引起其他物件燃烧的事故。

(5)车辆、船舶、飞机及其他交通工具发生的燃烧事故，火灾由此引起的其他物件燃烧的事故。(不含飞行事故自燃。)

7.1.1.3 燃烧的条件

燃烧须满足三要素：助燃物(氧化剂)、引燃源(温度)、可燃物。三要素中缺少任何

一个，燃烧都不能发生或持续，三者必须同时满足，如图 7.2 所示。在火灾防治中，阻断三要素中的任何一个要素，就可以扑灭火灾。

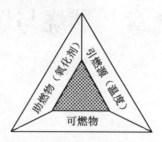

图 7.2　着火三角形

7.1.2　燃烧和火灾的过程及形式

除结构简单的可燃气体(如氢气)外，大多数可燃物质的燃烧并不是物质本身在燃烧，而是物质受热分解出的气体或液体蒸气在气相中的燃烧。

对于多数有焰燃烧而言，其燃烧过程中存在未受抑制的自由基作为中间体。因此，可以用着火四面体来表示有焰燃烧的四个条件，即可燃物、助燃物、引燃源和链式反应自由基，如图 7.3 所示。

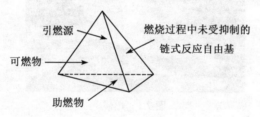

图 7.3　着火四面体

7.1.2.1　各类物质燃烧过程对比

各类物质燃烧过程对比如表 7.1 所列。

表 7.1　各类物质燃烧过程对比

物质状态	燃烧过程	燃烧形式
可燃气体	燃烧所需热量只用于本身氧化分解，使其达到自燃点	扩散、混合
可燃液体	蒸发成蒸气，蒸气氧化分解后达到自燃点燃烧	混合、蒸发
可燃固体	简单物质(如硫、磷)受热熔化、蒸发成蒸气进行燃烧	分解燃烧
	复杂物质受热分解为气(液)态，其蒸气氧化分解燃烧	

注：有的可燃固体(如焦炭等)不能分解为气态物质，在燃烧时则呈炽热状态，没有火焰产生也称为阴燃的状态。

7.1.2.2　燃烧产生的物理现象

(1)在燃烧过程中，光和热是燃烧产生的物理现象。

（2）热量传导方式有热传导、热辐射和热对流三种。

热量传导方式存在以下两种状态：

① 凝聚相燃烧，主要是吸热过程；

② 气相中燃烧，主要是放热过程。

在所有反应区域内，若放热量大于吸热量，燃烧则持续进行；反之，燃烧则中断。

7.1.3　火灾的基本概念、分类及发展规律

7.1.3.1　火灾的基本概念

（1）闪燃。

闪燃是持续燃烧的征兆，可燃物表面或可燃液体上方在很短时间内重复出现火焰一闪即灭的现象。

（2）阴燃。

阴燃是没有火焰和可见光的燃烧。

（3）爆燃。

爆燃伴随爆炸的燃烧波，以亚音速传播。

（4）自燃。

自燃是自热和受热自燃现象，可燃物在空气中没有外来火源的作用下，靠自热或外热而发生燃烧的现象。

（5）闪点。

闪点是指材料或制品加热到释放出的气体瞬间着火并出现火焰的最低温度。闪点越低，危险性越大。

（6）燃点。

在规定条件下，可燃物质产生自燃的最低温度称为燃点。燃点越低，危险性越大。

（7）自燃点。

在规定条件下，不用任何辅助引燃能源而达到引燃的最低温度称为自燃点。

① 液、固体可燃物受热分解的可燃气体挥发越多，自燃点越低。

② 固体可燃物粉碎得越细，自燃点越低。

③ 一般情况下，密度越大，闪点越高，自燃点越低。

例如，以下物质按照密度递增排列：汽油、煤油、轻柴油、重柴油、蜡油、渣油。其闪点依次升高，自燃点依次下降。

（8）引燃能（最小点火能）。

引燃能是指释放能够触发初始燃烧化学反应的能量，也称最小点火能。影响引燃能反应发生的因素有温度、释放能量、热量和加热时间。

（9）着火延滞期（诱导期）。

着火延滞期指可燃性物质和助燃气体的混合物在高温下，从开始暴露到起火的时间。

7.1.3.2 火灾的分类

(1)根据《火灾分类》(GB/T 4968—2008)，按照物质燃烧特性，将火灾分为六类，如表7.2所列。

表 7.2 物质燃烧特性分类

类别	名称	举例
A 类	固体物质(有机物质)火灾	木、棉、毛、麻、纸等
B 类	液体或可熔化的固体物质火灾	汽油、甲醇、沥青、石蜡等
C 类	气体火灾	煤气、天然气、甲烷、氢气等
D 类	金属火灾	钾、钠、镁、钛、锆、锂等
E 类	带电火灾	发电机、电缆、家用电器等
F 类	烹饪器具内的烹饪物火灾	动物油脂、植物油脂等

(2)按照火灾事故所造成的灾害损失程度，将火灾事故分为四类，如图7.4所示。

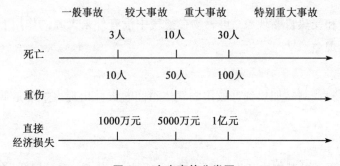

图 7.4 火灾事故分类图

7.1.3.3 典型火灾的发展规律

由于建筑物内可燃物、通风条件不同，建筑火灾有可能达不到最盛期，而是缓慢发展至熄灭。火灾的发展规律分为起初期、发展期、最盛期、减弱期、熄灭期，如图7.5所示。

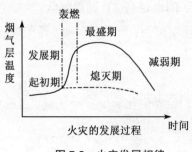

图 7.5 火灾发展规律

火灾发展各阶段的特点如表 7.3 所列。

表 7.3　火灾发展各阶段的特点

发展阶段	特点
起初期	冒烟、阴燃
发展期	由小到大，成时间平方规律；轰燃
最盛期	火势大小由建筑物通风情况决定
减弱期	随着可燃物质的燃烧或氧气不足或灭火措施的作用，火势开始衰减
熄灭期	消减至熄灭

7.1.4　燃烧机制及理论

若可燃物没有达到一定浓度，或氧化剂的含量不足，或引燃能不够大，燃烧反应也不会发生。例如，氢气（可燃物）在空气中的浓度低于 4%，不能点燃；空气中氧气（氧化剂）的含量低于 14%，常见可燃物不会燃烧；一根火柴（引燃能）不足以点燃大煤块。

7.1.4.1　活化能理论

物质分子间发生化学反应的首要条件是相互碰撞。其原理是气体分子运动速度取决于温度，温度越高，气体分子运动速度越快，随着气体温度和能级的提高，碰撞会变得更加激烈。

（1）活化分子：具有一定能量相互碰撞发生反应的分子。

（2）活化能：使普通分子变为活化分子所必需的能量。

7.1.4.2　过氧化物理论

气体分子在各种能量作用下可被活化。燃烧反应中，氧分子在热能作用下活化，形成过氧键。

7.1.4.3　链反应理论

根据过氧化物理论，一个活化分子（基）只能与一个分子反应。

（1）引发阶段。

需有外界能量使分子键破坏生成第一批自由基，使链反应开始。

（2）发展阶段。

自由基很不稳定，易与反应物分子作用生成燃烧产物分子和新的自由基，使链式反应得以持续下去。

（3）终止阶段。

自由基减少、消失，使链反应终止。

其中，自由基消失的原因有两个。

① 高压状态：自由基相互碰撞产生分子。

② 低压状态：自由基撞击器壁，将能量散失或被吸附。

7.1.5 课后练习

7.1.5.1 单选题

（1）焦炭为可燃固体，在燃烧过程中呈炽热状态，不产生气态物质，也不产生（   ）。

A.火焰　　　　　　B.辐射　　　　　　C.对流　　　　　　D.传导

（2）自燃点是指在规定条件下，不用任何辅助引燃能源而达到燃烧的最低温度，对于柴油、煤油、汽油、蜡油等气体，自燃点递减的排序是（   ）。

A.汽油、煤油、蜡油、柴油　　　　　　B.汽油、煤油、柴油、蜡油

C.煤油、汽油、柴油、蜡油　　　　　　D.煤油、柴油、汽油、蜡油

（3）火灾发生的必要条件是同时具备可燃物、引燃源和（   ）三要素。

A.水蒸气　　　　　B.氧化剂　　　　　C.还原剂　　　　　D.二氧化碳

（4）气体火灾（如煤气、天然气、甲烷等）是指（   ）类火灾。

A.B　　　　　　　　B.C　　　　　　　　C.D　　　　　　　　D.E

（5）北京 2008 年奥运会火炬长 72 cm，重 985 g，燃料分为气态丙烷，燃烧时间为 15 min，在零风速下，火焰高度为 25～30 cm，在强光和日光情况下，均可识别和拍摄。这种能形成稳定火焰的燃烧属于（   ）燃烧。

A.混合　　　　　　B.扩散　　　　　　C.蒸发　　　　　　D.分解

（6）可燃物质在燃烧过程中首先预热分解出可燃性气体，分解出的可燃性气体再与氧气进行的燃烧，称为（   ）燃烧。

A.分裂　　　　　　B.分解　　　　　　C.分化　　　　　　D.气解

（7）根据《火灾分类》（GB/T 4968—2008），按照物质的燃烧特性，将火灾分为 A 类火灾、B 类火灾、C 类火灾、D 类火灾、E 类火灾和 F 类火灾。其中，发电机火灾属于（   ）类火灾。

A.A　　　　　　　　B.B　　　　　　　　C.C　　　　　　　　D.E

（8）下列关于自燃特征的说法中，正确的是（   ）。

A.无须可燃物　　　B.无须外来火源　　C.无须加热　　　　D.无须氧化剂作用

（9）油脂滴落于高温暖气片上发生燃烧现象属于（   ）。

A.着火　　　　　　B.闪燃　　　　　　C.自热自燃　　　　D.受热自燃

（10）典型火灾事故的发展期分为起初期、发展期、最盛期、减弱期和熄灭期。所谓轰燃发生在（   ）期阶段。

A.起初　　　　　　B.发展　　　　　　C.最盛　　　　　　D.减弱

7.1.5.2　多选题

工业生产过程中，存在着多种引起火灾和爆炸的着火源，化工企业中常见的着火源有(　　)。

A.化学反应热、原料分解自燃、热辐射

B.高温表面、摩擦和撞击、绝热压缩

C.电气设备及线路的过热和火花、静电放电

D.明火、雷击和日光照射

E.粉尘自燃、电磁感应放电

7.2　爆炸

7.2.1　爆炸的定义、特征及分类

7.2.1.1　爆炸的定义

爆炸是由于物质急剧氧化或分解反应产生温度、压力增加或二者同时增加的现象。在这种释放和转化过程中，系统的能量将转化为机械功及光和热的辐射等。

7.2.1.2　爆炸现象的特征

(1)爆炸过程高速进行。

(2)爆炸点附近压力急剧升高，多数爆炸伴有温度升高，这是爆炸最主要的特征。

(3)发出或大或小的响声。

(4)周围介质发生震动或邻近的物质遭到破坏。

7.2.1.3　爆炸的分类

按照能量的来源，可将爆炸分为物理爆炸、化学爆炸、核爆炸；按照爆炸反应相的不同，可将爆炸分为气相爆炸、液相爆炸、固相爆炸。

(1)气相爆炸。

气相爆炸分类和举例如表 7.4 所列。

表 7.4　气相爆炸分类和举例

分类	举例
混合气体爆炸	空气和氢气、丙烷、乙醚等混合气体的爆炸
气体的分解爆炸	乙炔、乙烯、氯乙烯等在分解时引起的爆炸
粉尘爆炸	空气中飞散的铝粉、镁粉、亚麻、玉米淀粉等引起的爆炸
喷雾爆炸	油压机喷出的油雾、喷漆作业引起的爆炸

（2）液相爆炸与固相爆炸。

液相爆炸与固相爆炸分类和举例如表 7.5 所列。

表 7.5　液相爆炸与固相爆炸分类和举例

分类	举例
混合危险物质的爆炸	硝酸和油脂、液氧和煤粉、高锰酸钾和浓酸、无水顺丁烯二酸和烧碱等混合时引起的爆炸
易爆化合物的爆炸	丁酮过氧化物、三硝基甲苯、硝基甘油等的爆炸；氧化铅、乙炔铜的爆炸
导线爆炸	导线因电流过载而引起的爆炸
蒸气爆炸	熔融的矿渣与水接触、钢水与水混合产生蒸气爆炸
固相转化时造成的爆炸	无定形锑转化成结晶锑时，由于放热而造成爆炸

7.2.1.4　爆炸过程的两个阶段

（1）第一阶段。

物质的(或系统的)潜在能以一定的方式转化为强烈的压缩。

（2）第二阶段。

压缩物质急剧膨胀，对外做功，从而引起周围介质的变化和破坏。

7.2.1.5　引起爆炸的能源特征

无论由于何种能源引起的爆炸，都具备如下两个特征。

（1）能源具有极大的密度。

（2）具有极快的能量释放速度。

7.2.1.6　爆炸的形式和破坏作用

爆炸的形式和破坏作用如表 7.6 所列。

表 7.6　爆炸的形式和破坏作用

形式	破坏作用
冲击波	破坏程度与冲击波能量大小、建筑物坚固程度、产生冲击波中心距离有关
碎片冲击	影响范围大(数十到数百米)
震荡作用	猛烈的爆炸会引起短暂的地震波，造成建筑物震荡、开裂、倒塌现象
次生事故	引发火灾、高处坠落、二次爆炸等现象

7.2.2　可燃气体爆炸

7.2.2.1　分解爆炸性气体爆炸

某些气体即使在没有氧气的条件下，也能被点燃爆炸，其实质是一种分解爆炸。

分解爆炸性气体包括乙炔、乙烯、环氧乙烷、臭氧、联氨、丙二烯、甲基乙炔、乙烯基乙炔、一氧化氮、二氧化氮、氰化氢、四氟乙烯等。

注意：分解热是引起气体爆炸的内因；一定温度和压力则是外因。

7.2.2.2 可燃性混合气体爆炸

可燃性混合气体与爆炸性混合气体由于条件不同，有时发生燃烧，有时发生爆炸，在一定条件下，两者也可相互转化。

燃烧与化学爆炸的区别在于燃烧反应(氧化反应)的速度不同。

燃烧反应过程一般可以分为三个阶段，如表 7.7 所列。

表 7.7 燃烧反应过程

阶段	过程	时间
扩散阶段	可燃气体和氧气分子分别从释放源通过扩散达到相互接触	扩散时间
感应阶段	可燃气体分子和氧化分子接受引燃源能量，离解成自由基(活性分子)	感应时间
化学反应阶段	自由基与反应物分子相互作用，生成新分子和新自由基，完成燃烧反应	化学反应时间

扩散阶段时间远远大于其余两个阶段的时间，因此，是否需要经历扩散过程，是决定可燃气体燃烧或爆炸的主要条件。例如，煤气由管道喷出后，在空气中燃烧，是典型的扩散燃烧现象。爆炸示意图如图 7.6 所示。

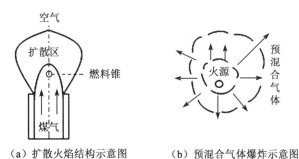

（a）扩散火焰结构示意图   （b）预混合气体爆炸示意图

图 7.6 爆炸示意图

应当作为预防工作重点的爆炸事故：可燃气体从工艺装置、设备管线泄漏到空气中；空气渗入存有可燃气体的设备管线中。

7.2.2.3 爆炸反应历程

如图 7.7 所示，a，b 点的压力为 200 Pa 和 6666 Pa，分别是混合物在 500 ℃时的爆炸下限和爆炸上限。随着温度增加，爆炸极限会变宽。

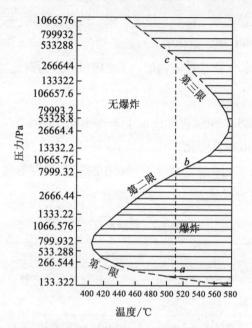

图 7.7　氢和氧混合物(2∶1)爆炸区间

7.2.3　粉尘爆炸

7.2.3.1　粉尘爆炸的机制和特点

(1)粉尘爆炸机制及爆炸过程。

粉尘爆炸是一个瞬间的连锁反应,属于不稳定的气固二相流反应,其爆炸过程比较复杂,受诸多因素的制约。爆炸过程示意图如图 7.8 所示。

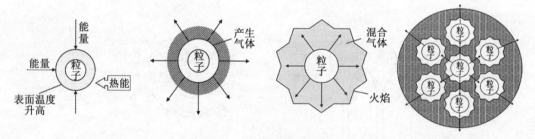

图 7.8　爆炸过程示意图

(2)粉尘爆炸的特点。

① 粉尘爆炸速度或爆炸压力上升速度比爆炸气体小,但燃烧时间长,产生的能量大,破坏程度大。

② 爆炸感应期较长。

③ 有产生二次爆炸的可能性。

注意:粉尘有不完全燃烧现象,在燃烧后的气体中含有大量的一氧化碳及粉尘自身分解的有毒气体,会伴随产生中毒死亡的事故。

7.2.3.2　粉尘爆炸的条件

（1）粉尘本身具有可燃性。

（2）粉尘虚浮在空气中，并达到一定的浓度。

（3）有足以引起粉尘爆炸的起始能量。

可燃粉尘爆炸极限以单位体积混合物中的质量（g/cm^3）表示。例如，铝粉在空气中的爆炸极限为 40 g/cm^3。

注意：其爆炸下限具有实际应用意义。

7.2.3.3　粉尘爆炸过程与可燃气体爆炸的区别

（1）粉尘爆炸所需的最小点火能较大。（最小点火能也称为引燃能、最小火花引燃能或者临界点火能，是引起一定浓度可燃物质或爆炸所需要的最小能量。）

（2）在可燃气体爆炸中，促使稳定上升的传热方式主要是热传导。

（3）在粉尘爆炸中，热辐射的作用大。

7.2.3.4　粉尘爆炸的特征参数及影响因素

（1）评价粉尘爆炸危险性的主要特征参数。

特征参数：爆炸极限、最小点火能量、最低着火温度、粉尘爆炸压力及压力上升速率。

（2）粉尘爆炸极限的影响因素。

粉尘粒度越细、分散度越高，可燃气体和氧的含量越大，火源强度、初始温度越高，湿度越低，惰性粉尘及灰分越少，爆炸极限范围越大。

7.2.3.5　粉尘爆炸压力及压力上升速率

粉尘爆炸压力主要受粉尘粒度、初始压力、粉尘爆炸容器、湍流度等因素的影响。粉尘粒度越细，比表面越大，反应速度越快，爆炸上升速率越大。

当容器容积不小于 0.04 m^3 时，粉尘爆炸强度遵循如下规律：

$$K_{st} = (dP/dt)_{max} \cdot V^{\frac{1}{3}} \tag{7.1}$$

式中，　　K_{st}——粉尘爆炸强度，10^5 Pa · m/s；

$(dP/dt)_{max}$——最大压力上升速率，10^5 Pa/s；

V——容器容积，m^3。

粉尘爆炸在管道中传播碰到障碍片时，因受到湍流的影响，粉尘呈旋涡状态，使爆炸波阵面不断加速。当管道长度足够长时，甚至会转化为爆轰。

7.2.4 物质爆炸浓度极限

7.2.4.1 爆炸极限的基本理论及影响因素

（1）爆炸极限。

可燃物质（可燃气体、蒸气和粉尘）与空气（或氧气）必须在一定的浓度范围内均匀混合，形成预混气，遇着火源，才会发生爆炸，这个浓度范围称为爆炸极限或爆炸浓度极限。

注意：爆炸极限是表征可燃气体、蒸气和可燃粉尘危险性的主要指标之一。

（2）爆炸极限的表示方式。

① 可燃气体、蒸气的爆炸极限一般用可燃气体或蒸气在混合气体中所占的体积分数 L 来表示。

② 可燃粉尘爆炸极限用混合物的质量浓度 $Y(g/m^3)$ 来表示。

爆炸下限：能够爆炸的最低浓度；

爆炸上限：能够爆炸的最高浓度。

（3）危险度（H）。

① $H = \dfrac{L_上 - L_下}{L_下}$。

② $H = \dfrac{Y_上 - Y_下}{Y_下}$。

H 值越大，可燃性混合物的爆炸极限范围越宽，其爆炸危险性越大。

（4）爆炸极限的影响因素。

爆炸极限不是一个物理常数，它随条件的变化而变化，会受到温度和压力的影响。

① 温度的影响。

混合爆炸气体的初始温度越高，爆炸极限范围越宽，则爆炸下限越低，上限越高，爆炸危险性增加。丙酮爆炸极限受温度的影响如表 7.8 所列。

表 7.8 丙酮爆炸极限受温度的影响

混合物温度/℃	爆炸下限	爆炸上限
0	4.2%	8.0%
50	4.0%	9.8%
100	3.2%	10.0%

② 压力的影响。

在 0.1～2.0 MPa 压力下，对 $\dfrac{L_下}{Y_下}$ 影响小，对 $\dfrac{L_上}{Y_上}$ 影响大；当压力大于 2.0 MPa 时，$\dfrac{L_下}{Y_下}$ 变小，$\dfrac{L_上}{Y_上}$ 变大，爆炸范围扩大。甲烷混合气初始压力对爆炸极限的影响如表 7.9 所列。

表 7.9　甲烷混合气初始压力对爆炸极限的影响

初始压力/MPa	爆炸下限	爆炸上限
0.1	5.6%	14.3%
1.0	5.9%	17.2%
5.0	5.4%	29.4%
12.5	5.7%	45.7%

结论：一般而言，初始压力增大，气体爆炸极限也变大，爆炸危险性增加。

甲烷在减压下的爆炸极限如图 7.9 所示。

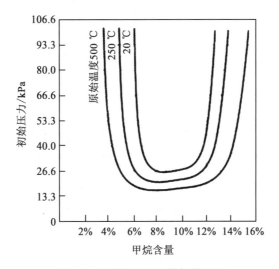

图 7.9　甲烷在减压下的爆炸极限

当混合物的初始压力减小时，爆炸极限范围缩小；把爆炸极限范围缩小为零的压力称为爆炸的临界压力；密闭设备进行减压操作对安全是有利的。

(5)惰性介质的影响。

在混合气体中加入惰性气体，随着惰性气体含量的增加，爆炸极限范围缩小；当惰性气体的浓度增加到某一数值时，爆炸上、下限趋于一致，使混合气体不发生爆炸。惰性气体浓度对甲烷爆炸极限的影响如图 7.10 所示。

惰性气体浓度增加，对爆炸上限影响较大，会使爆炸上限迅速下降；混合气体中氧含量的增加，使爆炸极限扩大，尤其对爆炸上限提高很多。

可燃气体在空气和纯氧中的爆炸极限如

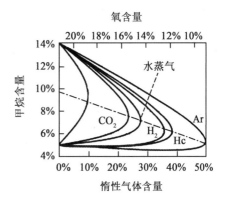

**图 7.10　惰性气体浓度
对甲烷爆炸极限的影响**

表 7.10 所列。

表 7.10　可燃气体在空气和纯氧中的爆炸极限

可燃气体	在空气中的爆炸极限	在纯氧中的爆炸极限
甲烷	4.9%～15%	5%～61%
乙烷	3%～15%	3%～66%
丙烷	2.1%～9.5%	2.3%～55%
丁烷	1.5%～8.5%	1.8%～49%
乙烯	2.75%～34%	3%～80%
乙炔	2.55%～80%	2.3%～93%
氢	4%～75%	4%～95%
氨	15%～28%	13.5%～79%
一氧化碳	12%～74.5%	15.5%～94%

（6）爆炸容器对爆炸极限的影响。

容器材料的传热性好，管径越细，火焰在其中越难传播，爆炸极限范围变小。

最大灭火间距（临界直径）指使火焰不能传播下去的容器直径或火焰通道的数值。

① 甲烷的临界直径为 0.4~0.5 mm。

② 氢和乙炔的临界直径为 0.1~0.2 mm。

③ 目前，一般采用直径为 50 mm 的爆炸管或球形爆炸容器。

（7）引燃源的影响。

引燃源活化能量越大，加热面积越大，作用时间越长，爆炸极限范围也越大。着火极限如图 7.11 所示。

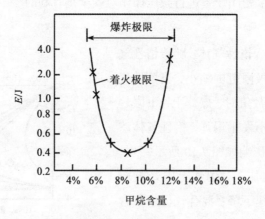

图 7.11　着火极限

一般情况下，爆炸极限均在较高的点火能量下测得。例如，测甲烷与空气混合的爆炸极限，用 10 J 以上的点火能量，其爆炸极限为 5%～15%。

7.2.4.2　爆炸反应浓度、爆炸压力和爆炸极限计算

(1)爆炸反应浓度计算。

① 计算方法一。

【例题 1】求乙炔在氧气中完全反应的浓度。

反应方程式: $2C_2H_2+5O_2 = 4CO_2+2H_2O$

解: 2 份乙炔加 5 份氧气共 7 份气体, 则乙炔在氧气中完全反应的浓度为 $\dfrac{2}{7} \approx$ 28.6%。

② 计算方法二。

【例题 2】分别试求 H_2, CH_3OH, C_3H_8, C_6H_6 在空气和氧气中完全反应的浓度。

解:

$$空气: x=\frac{20.9}{0.209+n}\% ; 氧气: x_0=\frac{100}{1+n}\%$$

$$2H_2+O_2 = 2H_2O$$

$$H_2+0.5O_2 = H_2O$$

$$x=\frac{20.9}{0.209+0.5}\% , x_0=\frac{100}{1+0.5}\%$$

$$2C_6H_6+15O_2 = 12CO_2+6H_2O$$

$$C_6H_6+7.5O_2 = 6CO_2+3H_2O$$

$$x=\frac{20.9}{0.209+7.5}\% , x_0=\frac{100}{1+7.5}\%$$

③ 计算方法三。

可燃气体或蒸气分子式一般用 $C_\alpha H_\beta O_\gamma$ 表示, 在完全燃烧的情况下, 燃烧反应式为

$$C_\alpha H_\beta O_\gamma+nO_2 \longrightarrow \alpha CO_2+\frac{1}{2}\beta H_2O \tag{7.2}$$

由式(7.2)可知, 完全燃烧反应中氧的原子数为

$$2n=2\alpha+\frac{1}{2}\beta-\gamma \tag{7.3}$$

注意:针对于石蜡烃(饱和烃), 有 $\beta=2\alpha+2$; 故 $2n=3\alpha+1-\gamma$, 即可依据公式, 通过查表查出完全反应的浓度。

(2) 爆炸压力计算。

爆炸时产生的最大压力可按照压力与温度及摩尔数成正比的规律确定。

即关系式为

$$\frac{P}{P_0}=\frac{T}{T_0}\times\frac{n}{m} \longrightarrow P=\frac{Tn}{T_0m}\times P_0 \tag{7.4}$$

（3）爆炸极限计算。

① 单一可燃气体的爆炸极限计算。

根据完全燃烧反应所需氧原子数，估算碳氢化合物的爆炸下限和爆炸上限，其经验公式如下：

$$L_{\text{下}} = \frac{100}{4.76(N-1)+1}$$

$$L_{\text{上}} = \frac{4 \times 100}{4.76N+4}$$

$\qquad\qquad (7.5)$

式中，$L_{\text{上}}$——碳氢化合物的爆炸上限；

$\qquad L_{\text{下}}$——碳氢化合物的爆炸下限；

$\qquad N$——每摩尔可燃气体完全燃烧所需氧原子数。

【例题3】试求乙烷在空气中的爆炸上限和爆炸下限。

解：根据爆炸性混合气体完全燃烧时的摩尔分数，确定有机物的爆炸下限及爆炸上限。计算公式如下：

$$L_{\text{下}} = 0.55X_0$$

$$L_H = 4.8\sqrt{X_0}$$

$\qquad\qquad (7.6)$

式中，X_0——可燃气体摩尔分数。

② 多种可燃气体组成的混合物的爆炸极限计算。

由多种可燃气体组成爆炸性混合气体的爆炸极限，其计算公式如下：

$$L_\alpha = \frac{100}{\dfrac{V_1}{L_1} + \dfrac{V_2}{L_2} + \dfrac{V_3}{L_3} + \cdots}$$

$\qquad\qquad (7.7)$

式中，L_1，L_2，L_3，…——组成混合气各组分的爆炸极限；

$\qquad V_1$，V_2，V_3，…——各组分在混合气中的浓度；

$\qquad L_\alpha$——爆炸性混合物的爆炸极限。

7.2.4.3 燃烧、爆炸的转化

固体或液体炸药燃烧转化为爆炸的主要条件如下。

（1）炸药处于密闭的状态下，燃烧产生的高温气体增大了压力，使燃烧转化为爆炸。

（2）燃烧面积不断扩大，使燃烧速度加快，形成冲击波，从而使燃烧转化为爆炸。

（3）药量较大时，炸药燃烧形成的高温反应区将热量传给了尚未反应的炸药，使其余的炸药受热爆炸。

7.2.5　课后练习

单选题

（1）按照能量的来源，可将爆炸分为（　　）。

A.轻爆、爆炸、爆轰

B.物理爆炸、化学爆炸、核爆炸

C.物理爆炸、化学爆炸、炸药爆炸

D.物理爆炸、核爆炸、分解爆炸

（2）评价粉尘爆炸的危险性有很多技术指标，如爆炸极限、最低着火温度、爆炸压力、爆炸压力上升速率等。除上述指标外，下列指标中，属于评价粉尘爆炸危险性指标的还有（　　）。

A.最大点火能量　　　　　　　　B.最小点火能量

C.最大密闭空间　　　　　　　　D.最小密闭空间

（3）燃料容器、管道直径越大，发生爆炸的危险性（　　）。

A.越小　　　　　B.越大　　　　　C.无关　　　　　D.无规律

（4）某些气体即使在没有氧气的条件下，也能发生爆炸。其实，这是一种分解爆炸，下列气体中，属于分解爆炸性气体的是（　　）。

A.一氧化碳　　　　B.乙烯　　　　　C.氧气　　　　　D.氢气

（5）氧气瓶直接受热发生爆炸属于（　　）。

A.物理性爆炸　　　B.化学性爆炸　　C.爆轰　　　　　D.殉爆

（6）某市的亚麻发生麻尘爆炸时，有连续三次爆炸，结果在该市地震局的地震检测仪上，记录了在 7 s 之内的曲线上出现有三次高峰。这种震荡波是由（　　）引起的。

A.冲击波　　　　B.碎片冲击　　　C.震荡作用　　　D.空气压缩作用

（7）爆炸发生时，特别是较猛烈的爆炸往往会引起短暂的地震波，该作用为（　　）。

A.冲击波　　　　B.碎片冲击　　　C.震荡作用　　　D.震冲效应

（8）与气体相比，粉尘爆炸的感应期（　　）。

A.较长　　　　　B.较短　　　　　C.与气体一致　　D.不确定

7.3　消防设施与器材

7.3.1　消防设施

消防设施是指火灾自动报警系统、自动灭火系统、消火栓系统、可提式灭火器系统、灭火器防烟排烟系统及应急广播和应急照明、安全疏散系统等。自动消防系统分类如图7.12 所示。

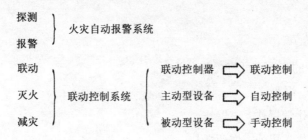

图7.12 自动消防系统分类

7.3.1.1 火灾自动报警系统

火灾自动报警系统示意图如图7.13所示。

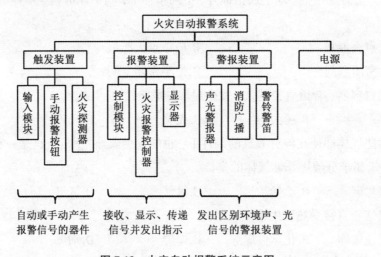

图7.13 火灾自动报警系统示意图

(1)系统分类。

根据工程建设的规模、保护对象的性质、火灾报警区域的划分和消防管理机构的组织形式,将火灾自动报警系统划分为区域火灾报警系统、集中火灾报警系统和控制中心报警系统三种,如表7.11所列。

表7.11 系统分类

系统划分	保护对象	系统组成	实例应用
区域火灾报警系统	二级	探测器、报警按钮、报警控制器、报警装置、电源	行政事业单位、工矿企业要害部门、娱乐场所
集中火灾报警系统	一、二级	集中控制器、区域控制器、火灾报警装置、电源	高层宾馆、饭店,大型建筑群
控制中心报警系统	特、一级	集中控制器、区域控制器、探测器、联动控制设备	大型宾馆、饭店,大型建筑群、综合楼

（2）火灾报警控制器。

① 功能。除具有控制、记忆、识别和报警功能，还具有自动检测、联动控制、打印输出、图形显示、通信广播等功能。

② 作用。评价火灾自动报警系统先进与否的一项重要指标。

③ 按照用途不同分类，可将火灾报警控制器分为区域火灾报警控制器、集中火灾报警控制器和通用火灾报警控制器。

（3）火灾自动报警系统的适用范围。

我国现行《火灾自动报警系统设计规范》（GB 50116—2013）中明确规定："本规范适用于新建、扩建和改建的建、构筑物中设置的火灾自动报警系统的设计，不适用于生产和贮存火药、炸药、弹药、火工品等场所设置的火灾自动报警系统的设计。"

7.3.1.2　自动灭火系统

（1）水灭火系统。

水灭火系统由室内外消火栓系统、自动喷水灭火系统、水幕、水喷雾灭火系统组成。

（2）气体自动灭火系统。

气体自动灭火系统中灭火剂的特性是化学稳定性好、耐储存、腐蚀性小、不导电、毒性低、蒸发后不留痕迹，适用于扑救多种类型火灾。

（3）泡沫灭火系统（空气机械泡沫）。

泡沫灭火系统分类如表 7.12 所列。

表 7.12　泡沫灭火系统分类

分类	发泡倍数
低倍数泡沫灭火系统	发泡倍数在 20 倍以下
中倍数泡沫灭火系统	发泡倍数为 21~200 倍
高倍数泡沫灭火系统	发泡倍数为 201~1000 倍

7.3.1.3　防排烟与通风空调系统

（1）火灾烟气蔓延的途径。

① 水平和垂直分布的各种空调系统。

② 通风管道及竖井。

③ 楼梯间、电梯井等。

（2）排烟系统的功能。

① 改善着火地点的环境，使人员安全撤离现场，使消防人员迅速靠近火源，用最短的时间抢救生命，用最少的灭火剂在损失最小的情况下将火扑灭。

② 将未燃烧的可燃性气体在尚未形成易燃烧混合物之前加以驱散，避免轰燃或烟气

爆炸的产生。

③ 将火灾现场的烟和热及时排去，减弱火势的蔓延，排除灭火的障碍。

（3）排烟的形式。

排烟的形式如表7.13所列。

表 7.13　排烟的形式

类型	适用范围
自然排烟形式 （如排烟窗、排烟井）	适用于烟气有足够大的浮力、能克服其他阻碍烟气流动的驱动力的区域
机械排烟形式	适用于克服自然排烟的局限、减少火层烟气向其他部位扩散、建立无烟区空间等的区域

7.3.1.4　火灾应急广播与警报装置

火灾警报装置是发生火灾时向人们发出警告的装置，即告诉人们发生火灾，或者有意外事故发生。

火灾应急广播是发生火灾（或意外事故）时指挥现场人员进行疏散的设备。

7.3.2　消防器材

消防器材是指灭火器等移动灭火器材和工具。

7.3.2.1　灭火剂

灭火剂的工作机制是破坏已经产生的燃烧条件，并使燃烧的连锁反应中止。破坏燃烧条件是指冷却燃烧物、隔绝氧气、降低氧浓度。

（1）水和水系灭火剂。

① 主要工作机制。

水和水系灭火剂的主要工作机制如表7.14所列。

表 7.14　水和水系灭火剂的主要工作机制

作用	工作过程
冷却燃烧物	水从燃烧物中吸收热量，使温度下降
隔绝氧气	水受热汽化，水蒸气可阻止空气进入燃烧区
降低氧浓度	水能稀释冲淡某些液体或气体，降低燃烧强度

② 其他机制。

❖ 加压水的冲击作用使着火部分与燃烧区域隔离。

❖ 浸湿未燃物质，使之难以燃烧。

❖ 吸收某些气体和蒸汽，有助灭火。

· 120 ·

③ 不能用水扑灭的火灾。

◈ 密度小于水和不溶于水的易燃液体(如油类、苯、醇、醚、酮、酯类及丙烯腈等)大容量储罐的火灾。

◈ 遇水产生燃烧物质(如钾、钠、碳化钙等)的火灾。

◈ 硫酸、盐酸和硝酸引发的火灾。

◈ 切断电源前的电气火灾。

◈ 高温状态下化工设备的火灾。

(2)气体灭火剂。

气体灭火剂的优点是气体释放后对保护设备无污染、无损害。

① 二氧化碳气体灭火剂。

由于二氧化碳来源较广,且不含水、不导电、无腐蚀性,对绝大多数物质无破坏作用,因此,可利用其隔绝空气后的窒息作用抑制火灾。

二氧化碳气体灭火剂的适用范围:用来扑灭精密仪器和一般电气火灾;扑救可燃液体和固体火灾,特别是不能用水灭火及受到水、泡沫、干粉等灭火剂的玷污容易损坏的固体物质火灾。

不宜用二氧化碳扑灭的火灾:钾、镁、钠、铝等金属及金属过氧化物的火灾;有机过氧化物、氯酸盐、硝酸盐、高锰酸盐、亚硝酸盐、重铬酸盐等氧化剂的火灾。

② 卤代烷 1211,1301 灭火剂。

1994 年,国家环境保护局发布了《关于非必要场所停止再配置卤代烷灭火器的通知》,规定应使用卤代烷替代物灭火剂。

◈ 七氟丙烷。该灭火剂极具推广价值,属于含氢氟烃类灭火剂,国外称为 FM-200,具有灭火浓度低、灭火效率高、对大气无污染的优点。

◈ 混合气体 IG-541 灭火剂。该灭火剂是由氮气、氩气、二氧化碳自然组合的一种混合物,对大气层无污染,喷放时,不会形成浓雾或造成视野不清,对人体基本无害。

(3)泡沫灭火剂及泡沫产生的类型。

① 化学泡沫。通过硫酸铝和碳酸氢钠的水溶液发生化学反应,产生二氧化碳,从而形成泡沫。

② 空气泡沫(机械泡沫)。由含有表面活性剂的水溶液在泡沫发生器中通过机械作用而产生的泡沫灭火,泡沫中所含的气体为空气。

泡沫灭火器的种类、机制与适用范围如表 7.15 所示。

表 7.15　泡沫机制灭火剂的种类、机制与适用范围

种类	机制	适用范围
低倍数泡沫灭火系统	泡沫覆盖着火对象表面,将空气隔绝	不适用于液化烃的流淌火灾和地下工程、船舶、贵重仪器设备及物品的灭火
中倍数泡沫灭火系统	—	—
高倍数泡沫灭火系统	能在短时间内迅速充满着火空间	特别适用于大空间火灾,并具有灭火速度快的优点

（4）干粉灭火剂（细微无机粉末）。

干粉灭火剂由一种或多种具有灭火能力的细微无机粉末组成。

① 特点：干粉灭火器采用无机盐成分作为挥发分解物,在着火过程中,通过将粉末覆盖在可燃物表面形成一种绝氧的环境,从而起到灭火的作用。另外,干粉灭火器中还有活性灭火成分和疏水成分,也具备很好的阻燃性。

② 适用范围：目前在手提式灭火器和固定式灭火系统上得到广泛的应用,是替代哈龙灭火剂的一类理想环保的灭火产品。

7.3.2.2　灭火器的种类及适用范围

灭火器由筒体、器头、喷嘴等部件组成,是扑救初起火灾的重要消防器材。手持灭火器组成如图 7.14 所示。

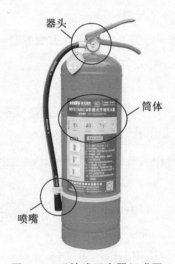

图 7.14　手持式灭火器组成图

（1）灭火器的种类。

① 按照移动方式分为手提式、推车式、悬挂式灭火器。

② 按照驱动灭火剂的动力来源分为储气式、储压式、化学反应式灭火器。

③ 按照所充装的灭火剂分为清水、泡沫、酸碱、二氧化碳、卤代烷、干粉、7150 灭火器等。

（2）清水灭火器。

① 盛装介质：清洁水和适量添加剂。

② 作用机制：储气瓶加压、利用二氧化碳动力推动灭火剂。

③ 适用范围：扑救可燃固体物质火灾（A 类火灾）。

（3）泡沫灭火器。

① 作用机制。

✧ 化学泡沫：酸、碱溶液反应生产泡沫，随压力喷射。

注意：硫酸铝、碳酸氢钠及复合添加剂等原产品禁止生产、销售、使用。

✧ 空气泡沫：蛋白、氟蛋白、聚合物、轻水、抗溶泡沫。

注意：这种泡沫热稳定性好、抗烧时间长，能够长期保存，使用方便。

② 适用范围。

✧ 扑救脂类、石油产品等 B 类火灾及 A 类物质的初起火灾。

✧ 不能扑救 B 类水溶性火灾与带电设备及 C 类和 D 类火灾。

✧ 可以扑救油类及极性溶剂的初起火灾。

（4）酸碱灭火器。

① 盛装介质：装有 65% 的工业硫酸和碳酸氢钠的水溶液。

② 作用机制：两种药液混合反应产生二氧化碳压力气体。

③ 反应方程式：$2NaHCO_3+H_2SO_4 = Na_2SO_4+2H_2O+2CO_2\uparrow$。

④ 适用范围。

✧ 扑救 A 类物质的初起火灾。

✧ 不能扑救 B 类物质燃烧火灾、C 类可燃气体或 D 类轻金属火灾。

✧ 不能用于带电场合火灾的扑救。

（5）二氧化碳灭火器。

① 盛装介质：内部充装液态二氧化碳。

② 作用机制：降低氧气含量，造成燃烧区窒息。

注意：当氧气的含量低于 12% 或二氧化碳浓度达 30%～35% 时，燃烧中止。例如，1 kg 的二氧化碳液体，在常温常压下能生成 500 L 左右的气体，足以使 1 m³ 空间范围内的火焰熄灭。

③ 适用范围：扑救 600 V 以下带电电器、贵重设备、图书档案、精密仪器的初起火灾及一般可燃液体的火灾。

（6）卤代烷灭火器。

① 盛装介质：卤代烷。

② 作用机制：(抑制灭火)除去燃烧连锁反应中的活性基因。

③ 分类：1211，1301，2402，1202 灭火器等。

注意：2402，1202 灭火剂的毒性较大，对金属筒体的腐蚀性也大，因此在我国不推广使用。我国只生产 1211 和 1301 灭火器。

④适用范围：1211 灭火器适用于扑救易燃、可燃液体、气体及带电设备初起火灾和固体物质表面火灾；尤其适用于精密仪器、计算机、珍贵文物及贵重物资等初起火灾；也适用于飞机、汽车、轮船、宾馆等初起火灾。

(7)干粉灭火器。

① 盛装介质：干粉无机盐(碳酸氢钠、磷酸二氢铵等干粉)。

② 作用机制：以液态二氧化碳或氮气作为推动力，主要靠抑制作用灭火。

③ 适用范围。

❈ 普通干粉(BC 干粉)是指碳酸氢钠干粉、改性钠盐、氨基干粉等，用于扑灭可燃液体、可燃气体及带电设备的火灾。

❈ 多用干粉(ABC 干粉)是指磷酸铵盐干粉、聚磷酸铵干粉等，不仅适用于扑救可燃液体、可燃气体和带电设备的火灾，而且适用于扑救一般固体物质火灾，但不能扑救轻金属火灾。

7.3.2.3 火灾探测器

火灾探测器的基本功能是对烟雾、温度、火焰和燃烧气体等火灾参量做出有效反应，通过敏感元件，将表征火灾参量的物理量转化为电信号，送到火灾报警控制器。

(1) 火灾探测器的类型。

① 感光式火灾探测器。

感光式火灾探测器可监视有易燃物质区域的火灾发生，特别适用于没有阴燃阶段的燃料火灾的早期检测报警。

❈ 红外火焰探测器。其适用于大量烟雾火场，具有误报少、响应时间快、抗干扰能力强、工作可靠等特点。

❈ 紫外火焰探测器。其适用于有机物燃烧、初期无烟雾火场，具有火焰温度越高、强度越大、紫外光辐射强度越高等特点。

② 感烟式火灾探测器。

感烟式火灾探测器以烟雾为主要探测对象，适用于火灾初期有阴燃阶段的场所。感烟式火灾探测器是一种响应燃烧或热介质产生的固体微粒的火灾探测器。根据烟雾粒子可以直接或间接地改变某些物理量的性质或强弱。感烟式火灾探测器可分为离子型、光电型、激光型、线型、电容型、半导体型等几种。

❈ 离子感烟火灾探测器。

优点：对黑烟灵敏度非常高，特别是对早期火警反应特别快。

缺点：必须装设放射性元素，易造成环境污染，威胁人的生命安全。

◈ 光电感烟火灾探测器。

缺点：对黑烟灵敏度很低，对白烟灵敏度较高，使用范围有限。

◈ 线型感烟火灾探测器(红外光束型)。

线型感烟火灾探测器利用烟雾粒子吸收或散射红外线光束的原理对火灾进行监测。

③ 感温式火灾探测器。

感温式火灾探测器主要对警戒范围温度进行探测，根据其感热效果和结构形式，可分为以下几种。

◈ 定温火灾探测器(达到或超过预定温度值)。

分类：根据工作原理，分为双金属片、热敏电阻、低熔点合金型火灾探测器。

优点：具有较好的可靠性和稳定性，保养维修方便。

缺点：响应过程长，灵敏度低。

◈ 差温火灾探测器。针对升温速率超过预定值进行探测。

◈ 差定温火灾探测器。通过综合响应温度和升温速率进行探测。

◈ 可燃气体火灾探测器。用于检测可燃气体浓度。

④ 复合式火灾探测器。

复合式火灾探测器分为复合式感温感烟火灾探测器、复合式感温感光火灾探测器、复合式感温感烟感光火灾探测器、分离式红外光束感温感光火灾探测器。

（2）火灾探测器的适用范围。

火灾探测器被应用在有可燃气体存在或可能发生泄漏的易燃易爆场所，或被应用于居民住宅。

（3）火灾探测器的安装要点。

① 应按照所监测的可燃气体的密度选择安装位置。

◈ 监测密度大于空气的可燃气体时，探测器应安装在泄漏可燃气体处的下部，距地面不应超过 0.5 m。

◈ 监测密度小于空气的可燃气体时，探测器应安装在可能泄漏处的上部或屋内顶棚上。

② 不宜安装可燃气探测器的位置。

◈ 对于经常有 0.5 m/s 以上气流存在、可燃气体无法滞留的场所，或经常有热气、水滴、油烟的场所，或环境温度经常超过 40 ℃的场所。

◈ 有铅离子存在的场所，或有硫化氢气体存在的场所。

◈ 有酸、碱等腐蚀性气体存在的场所。

③ 至少每季度检查一次可燃气体探测器是否正常工作。检查方法可用棉球蘸酒精去

靠近探测器进行检测。

7.3.2.4 消防梯

消防梯是用于登高灭火、救人或翻越障碍物的工具。消防梯有单杠梯、挂钩梯、拉伸梯三种；也可按照材料不同，分为木梯、竹梯、铝合金梯等。图 7.15 所示为几种常见的消防梯。

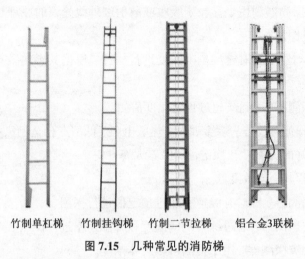

竹制单杠梯　　竹制挂钩梯　　竹制二节拉梯　　铝合金3联梯

图 7.15　几种常见的消防梯

7.3.2.5 消防水带

消防水带是用于火场供水或输送泡沫混合液的必备器材，如图 7.16 所示。

图 7.16　消防水带

（1）按照材料不同分为麻织、锦织涂胶、尼龙涂胶水带。

（2）按照口径不同分为 50，65，75，90 mm 水带。

（3）按照承压不同分为甲（大于 1.0 MPa）、乙（0.8~0.9 MPa）、丙（0.6~0.7 MPa）、丁（小于 0.6 MPa）类水带。

（4）按照水带长度不同分为 15，20，25，30 m 水带。

7.3.2.6 消防水枪

消防水枪是用来射水的工具，如图 7.17 所示。其作用是加快水流流速、增大和改变水流形状。

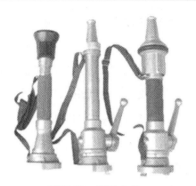

图 7.17　消防水枪

（1）按照水枪口径不同分为 13，16，19，22，25 mm 消防水枪。

（2）按照水枪开口形式不同分为直流水枪、开花水枪、喷雾水枪、开花直流水枪等。

7.3.2.7　消防车

消防车分为多种类型，包括水罐消防车、泡沫消防车、高倍泡沫消防车、二氧化碳消防车、干粉消防车、泵浦消防车、泡沫-干粉联用消防车、抢险救援消防车、机场救援先导消防车、机场救援消防车、排烟消防车、举高喷射消防车、登高平台消防车、水罐消防车、云梯消防车、通信指挥消防车、勘察消防车、供水消防车、供液消防车、器材消防车、救护消防车等。几种常见的消防车如图 7.18 所示。

（a）抢险救援消防车

（b）排烟消防车

（c）举高喷射消防车

（d）登高平台消防车

（e）水罐消防车

图 7.18　几种常见的消防车

7.3.3　课后练习

单选题

（1）二氧化碳灭火器是利用其内部充装的液态二氧化碳的蒸气压将二氧化碳喷出灭

火的一种灭火器具。其通过降低氧气含量，造成燃烧区窒息而灭火，一般能造成燃烧终止的氧气含量应低于(　　)。

A.12%　　　　　　B.14%　　　　　　C.16%　　　　　　D.18%

(2) 火灾自动报警系统主要完成(　　)功能。

A.探测和报警　　　　　　　　B.探测和联动

C.报警和联动　　　　　　　　D.探测、报警和联动

(3) 适用于特级保护对象的是(　　)。

A.控制中心系统　　　　　　　B.区域报警系统

C.集中报警系统　　　　　　　D.火灾自动报警系统

(4) 发泡倍数为21~200倍的泡沫灭火系统为(　　)。

A.低倍数泡沫灭火系统　　　　B.中倍数泡沫灭火系统

C.高倍数泡沫灭火系统　　　　D.空气机械泡沫灭火系统

(5) 化工原料电石(乙炔)着火时，严禁用(　　)灭火器扑救。

A.干粉　　　　B.干砂　　　　C.水　　　　　D.二氧化碳

(6) 泡沫灭火系统按照发泡倍数分为低倍数、中倍数和高倍数泡沫灭火系统，高倍数泡沫灭火剂的发泡倍数为(　　)。

A.101~1000倍　　B.201~1000倍　　C.301~1000倍　　D.401~1000倍

(7) 干粉灭火器灭火的基本原理是(　　)。

A.窒息作用　　　B.冷却作用　　　C.辐射作用　　　D.抑制作用

(8) 非接触式火灾报警器是根据(　　)进行探测的。

A.烟气浓度　　　B.烟气成分　　　C.光学效果　　　D.烟气流速

7.4　防火防爆技术

7.4.1　火灾爆炸预防基本原则

爆炸危险场所对电气安全要求的基本原则是整体防爆。整体防爆是指在爆炸危险区内，安装使用的电气动力、通信、照明、控制设备、仪器仪表、移动电气设备(包括电动工具)及其输配电线路等，应全部按照爆炸危险场所的等级采取相应的措施，达到要求。如果其中之一不符合爆炸危险场所的要求，也就不能说达到了电气整体防爆，因此存在爆炸危险。

对处理或储存可燃性物质的设备及装置进行设计时，应尽可能使危险场所的类别成为危险性最小的场所，尤其应使0区、1区场所的数量及范围最小，即尽可能使大多数的危险场所成为2区场所。

工艺流程用设备应主要为二级释放源，如果达不到此要求，也应使该释放源以极有

限的量及释放率向空气中释放。改造工艺，加强通风，消除或减少爆炸性混合物，降低场所危险性。例如，采取封闭式作业，防止爆炸性混合物泄漏；清理现场积尘，防止爆炸性混合物积累；设计正压室，防止爆炸性混合物侵入；采取开敞式作业或通风措施，稀释爆炸性混合物；在危险空间充填惰性气体或不活泼气体，防止形成爆炸性混合物；安装报警装置，当混合物中危险物品的浓度达到其爆炸下限的10%时报警；等等。

危险场所的类别确定后，不得随意进行变更。对于维修后的工艺设备，必须认真检查，确认其是否能保证原有设计的安全水平。

爆炸危险场所(环境)中，应不设置或尽可能少设置电气设备，以减少因电气设备或电气线路发生故障而成为引爆源引起的爆炸事故。

爆炸危险场所(环境)中，必须设置电气设备时，应选用适用于该危险区的防爆电气设备，构建相适应的防爆电气线路。

7.4.1.1 防火基本原则

(1) 以不燃溶剂代替可燃溶剂，采用耐火建筑材料。

(2) 进行密闭和负压操作，严格控制火焰。

(3) 通风除尘，阻止火焰蔓延。

(4) 应用惰性气体进行保护，抑制火灾发展规模。

(5) 组织训练消防队伍，配备相应的消防器材。

7.4.1.2 防爆基本原则

防爆基本原则应遵循防止第一阶段、控制第二阶段、削弱第三阶段的原则。

(1) 防止第一阶段的出现。

即防止爆炸性混合物的形成，严格控制火源。

(2) 控制第二阶段的发展。

即及时泄出燃爆开始时的压力，切断爆炸传播途径。

(3) 削弱第三阶段的危害。

即减弱爆炸压力和冲击波对人员、设备和建筑的损坏，同时进行检测报警。

7.4.2 引燃源及其控制

7.4.2.1 明火

(1) 加热用火的控制。

① 加热易燃物料，宜采用热水或其他介质间接加热。例如，宜采用蒸汽或密闭电气加热等加热设备，不得采用电炉、火炉、煤炉等直接加热。

② 明火加热设备的布置，应远离可能泄漏易燃气体或蒸气的工艺设备和储罐区，并应布置在其上风向或侧风向处。

③ 有飞溅火花的加热装置，应布置在设备的侧风向处。

④ 如果存在一个以上的明火设备，应集中于装置的边缘处。

⑤ 如必须采用明火，设备应密闭且附近不得存放可燃物质。

⑥ 熬炼物料时，不得装盛过满，应留出一定的空间。

⑦ 工作结束时，应及时清理，不得留下火种。

（2）维修焊割用火的控制。

① 在输送、盛装易燃物料的设备、管道上，或在可燃可爆区域内动火时，应将系统和环境进行彻底的清洗或清理。

② 系统与其他设备连通时，应先将相连的管道拆下断开或加堵金属盲板隔绝，再进行清洗；用惰性气体进行吹扫置换，气体分析合格后，方可动焊。爆炸下限大于4%的可燃气体或蒸气，浓度应小于0.5%；爆炸下限小于4%的可燃气体或蒸气，浓度应小于0.2%。

③ 动火现场应配备必要的消防器材，并将可燃物品清理干净。

④ 在可能积存可燃气体的管沟、电缆沟、深坑、下水道内及其附近，应先用惰性气体吹扫干净，再用非燃体(如石棉板)进行遮盖。

⑤ 气焊作业时，应将乙炔发生器放置在安全地点，以防其回火爆炸伤人或将易燃物引燃。

⑥ 电杆线破残应及时更换或修理，不得利用与易燃易爆生产设备有联系的金属构件作为电焊地线，以防止在电路接触不良的地方产生高温或电火花。

（3）其他明火。

① 在有火灾和爆炸危险的场所，不得使用蜡烛、火柴或普通灯具照明。

② 在有爆炸危险的车间和仓库内，禁止吸烟和携带火柴、打火机等，应在醒目的地方张贴警示标志。

③ 一般不允许汽车、拖拉机进入工作现场，如确需进入，其排气管上应安装火花熄灭器。

④ 明火与有火灾爆炸危险的厂房和仓库相邻时，应保证足够的安全距离。例如，化工厂内的火炬与甲、乙、丙生产装置，油罐和隔油池应保持100 m的防火间距。

7.4.2.2 摩擦和撞击

（1）预防措施。

① 工人应禁止穿钉鞋，不得使用铁器制品。

② 搬运储存可燃物体和易燃液体的金属容器时，应当用专门的运输工具，禁止在地面上滚动、拖拉或抛掷，并防止容器互相撞击，以免产生火花。

③ 吊装可燃易爆物料用的起重设备和工具时，应经常检查，防止吊绳等断裂下坠发生危险。

④ 如果机器设备不得不用易产生火花的各种金属制造，那么应当使其在真空中或惰性气体中操作。

（2）实例应用。

① 机件的运转部分应该用两种材料制作，其中之一是不发生火花的有色金属材料（如铜、铝等）。

② 机器的轴承等转动部分应该有良好的润滑，并经常清除附着的可燃物污垢。

③ 敲打工具应用铍铜合金或包铜的钢制作。

④ 地面应铺设沥青、菱苦土等较软的材料。

⑤ 输送可燃气体或易燃液体的管道应做耐压试验和气密性检查，以防止管道破裂、接口松脱而跑漏物料，防止引起火灾。

7.4.3　电气设备

7.4.3.1　预防措施

（1）保持电气设备的电压、电流、温升等参数不超过允许值，保持电气设备和线路绝缘能力及良好的连接等。

（2）电气设备和电线的绝缘不得受到生产过程中产生的蒸气及气体的腐蚀，电线应采用铁管线，电线的绝缘材料要具有防腐蚀的性能。在运行过程中，应保持设备及线路各导电部分连接可靠，活动触头的表面要光滑，并要确保足够的触头压力，以保证接触良好。

（3）固定接头时，特别是铜、铝接头要接触紧密，保持良好的导电性能。

（4）在具有爆炸危险的场所，可拆卸的连接应有防松措施。

（5）铝导线间的连接应采用压接、熔焊或钎焊，不得简单地采用缠绕接线。

（6）电气设备应保持清洁。

（7）具有爆炸危险的厂房内，应根据危险程度不同，采用防爆型电气设备。

7.4.3.2　防爆电气设备的类型

按照防爆结构和防爆性能不同，可将防爆电气设备分为隔爆型、充油型、充砂型、通风充气型、本质安全型、无火花型等。

7.4.3.3　选择防爆电气设备必须遵守的原则

（1）选择防爆电气设备必须与爆炸性混合物的危险程度相适应。

所谓爆炸性混合物的危险程度是指爆炸性混合物的传爆级别、点燃温度的组别。即选择的防爆电气设备必须与爆炸性混合物的传爆级别、组别、危险区域的级别相适应，否则不能保证安全。此外，当同一区域内存在两种及以上不同危险等级的爆炸性物质时，必须选择与危险程度最高的爆炸等级及自然温度等级相适应的防爆结构。

在非危险区域中，一般应选择普通的电气设备。但是，装有爆炸性物质的设备置于非危险区域时，在异常的情况下，也存在危险的可能性。例如，可能发生因设备腐蚀溢出危险性物质；因运转工人误操作放出危险性物质；因异常反应而形成高温、高压，使设备受到破坏而泄漏出爆炸性物质；等等。因此，必须考虑意外发生危险的可能性。

（2）选择防爆电气设备必须具有合适的防爆结构。

所选电气设备的防爆结构必须适用于危险区域，即什么性质的危险区域就必须采用什么样的防爆结构。防爆性能因结构不同而不同，所以必须根据爆炸性物质的种类、设备的种类、安装场所的危险程度等因素，选择相适应的防爆结构。

（3）选择防爆电气设备要适应环境条件。

防爆性能通常以标准环境作为基本条件。防爆电气设备有户内使用与户外使用之分。如果将户内使用的防爆电气设备用于户外，那么当环境温度为 40 ℃ 及以上时，该设备就不适用了。户外使用的防爆电气设备要适应露天环境，具有防日晒、雨淋和风沙等功能。

另外，有些设备要在有腐蚀性或有毒环境、高温、高压或低温环境中使用，因此，在选择防爆电气设备时，应考虑这些特殊环境的要求。

（4）选择防爆电气设备要便于维修。

防爆电气设备使用期间的维护和保养极为重要。选择防爆电气设备的结构越简单越好，同时满足管理方便、维修时间短、费用少的要求，还要做好备品和备件的正常储存。

（5）选择防爆电气设备要注意经济效益。

选用防爆电气设备，不仅要考虑购销价格，而且要对电气设备的可靠性、寿命、运转费用、耗能及维修等做全面的分析平衡，以选择最合适、最经济的防爆电气设备。

爆炸危险场所电气设备的极限温度和极限温升如表 7.16 所列。

表 7.16　爆炸危险场所电气设备的极限温度和极限温升

爆炸性混合物的组别	防爆电气设备外壳及可能与爆炸混合物直接接触的零部件		充油型的油面	
	极限温度/℃	极限温升/℃	极限温度/℃	极限温升/℃
T1	360	320	100	60
T2	240	200	100	60
T3	160	120	100	60
T4	110	70	100	60
T5	80	40	80	40

7.4.4　静电放电

为防止静电放电，可以采取以下多种措施。

7.4.4.1　控制流速

（1）流体在管道中的流速必须加以控制，易燃液体在管道中的流速不宜超过 4～

5 m/s，可燃气体在管道中的流速不宜超过 6~8 m/s。

（2）灌注液体时，应防止产生液体飞溅和剧烈的搅拌现象。

（3）向储罐输送液体的导管，应放在液面之下或将液体沿容器的内壁缓慢流下，以免产生静电。

（4）易燃液体灌装结束时，不能立即进行取样等操作，应经过一段时间，待静电荷松弛后，再进行操作，以防止静电放电火花引起火灾和爆炸。

7.4.4.2　保持良好接地

为防止产生静电，以下设备应保持良好接地。

（1）输送可燃气体和易燃液体的管道及各种阀门、灌油设备和油槽车。

（2）通风管道上的金属网过滤器。

（3）生产或加工易燃液体和可燃气体的设备储罐。

（4）输送可燃粉尘的管道和生产粉尘的设备及其他能够产生静电的生产设备。

（5）此外，为消除各部件的电位差，可采用等电位措施。

7.4.4.3　采用静电消散技术

管道部分是产生静电的区域，管道末端容器或料斗、料仓等接受容器则属于静电消散区域。

采取以下两项措施，可进一步提高电气安全。

（1）管道的末端加装一个直径较大的"松弛容器"。

（2）当液体输送管线上装有过滤器时，甲、乙类液体输送自过滤器至装料装置之间应有 30 s 的缓冲时间。

注意：如果不能满足缓冲时间，可配置缓和器或采取其他防静电措施。

7.4.4.4　人体静电防护

（1）工作人员应尽量避免穿尼龙或涤纶等易产生静电的工作服。

（2）为了导除人体积累的静电，工作人员最好穿布底鞋或导电橡胶底胶鞋。

（3）工作地点宜采用水泥地面。

7.4.4.5　其他技术

（1）安设单独的防爆式电动机，即电动机和设备之间用轴直接传动或经过减速器传动。

（2）在具有爆炸危险的厂房内，一般不允许采用平皮带传动，可以采用三角皮带传动，如图 7.19所示。

（3）采用皮带传动时，为防止传动皮带在运转

图 7.19　皮轮

中产生静电、发生危险，可每隔3~5天在皮带上涂抹一次防静电涂料。

（4）为防止皮带下垂，皮带与金属接地物的距离不得小于20 cm，以减少对接地金属物放电的可能性。

（5）增高厂房或设备内空气的湿度；当相对湿度在65%~70%以上时，可以防止静电的积累。

（6）对于不会因空气湿度而影响产品质量的生产，可用喷水或喷水蒸气的方法增加空气湿度。

7.4.4.6　化学能和太阳能

（1）在常温下能与空气发生氧化反应放出热量而引起自燃的物质，应保存在水中（液封），避免与空气接触。

（2）对于与水作用能够分解放出可燃气体的物质（如电石、金属钠、五硫化磷等），应特别注意采用防潮措施。

（3）对于受热升温能分解放出有催化作用的气体的物质（如硝化棉、赛璐珞等），受热能放出氧化氮和热量，应特别注意防热、通风。

（4）有爆炸危险的厂房和库房必须采取遮阳措施，窗户采用磨砂玻璃，以避免形成引燃源。

7.4.5　防火防爆安全装置及技术

7.4.5.1　阻火及隔爆技术

（1）作用机制。

通过某些隔离措施防止外部火焰窜入存有可燃爆炸物料的系统、设备、容器及管道内，或者阻止火焰在系统、设备、容器及管道之间蔓延。

（2）按照作用机制分类。

① 工业阻火器。

工业阻火器装于管道上，形式最多，应用最广，常用于阻止爆炸初期火焰的蔓延。

工业阻火器分为机械阻火器、液封和料封阻火器。一些具有复合结构的机械阻火器也可以阻止爆轰火焰的传播。

② 主动式隔爆装置。

主动式隔爆装置由一灵敏的传感器探测爆炸信号，经放大后输出给执行机构，控制隔爆装置喷洒抑爆剂或关闭阀门，从而阻隔爆炸火焰的传播。

③ 被动式隔爆装置。

被动式隔爆装置主要有自动断路阀、管道换向隔爆等形式。对气体中含有杂质（如粉尘、易凝物等）的输送管道，应当选用主、被动式隔爆装置。

④ 其他阻火隔爆装置。

一是单向阀(止逆阀、止回阀)阻火隔爆装置,如图 7.20 所示。

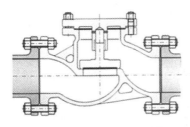

图 7.20　单向阀

单向阀阻隔爆装置的工作原理是允许液体(气体或液体)朝一个方向流动,遇到倒流时,即自行关闭。其主要作用是避免在燃气或燃油系统中发生液体倒流,或高压窜入低压造成容器管道爆裂,或发生回火时火焰倒吸和蔓延等事故。

容易产生事故的区域如下:在系统中流体的进口和出口之间;燃气或燃油管道及设备相连接的辅助管线上;高压与低压系统之间的低压系统上;压缩机与油泵的出口管线上安置单向阀。

二是阻火阀门,如图 7.21 所示。

图 7.21　阻火阀门

阻火阀门是为了阻止火焰沿通风管道或生产管道蔓延而设置的阻火装置。

阻火阀门可以选用易熔金属元件材料,如铋、铅、锡、汞等;也可以选用有机材料,如赛璐珞、尼龙、塑料等。

三是火星熄灭器(防火罩、防火帽),如图 7.22 所示。

图 7.22　火星熄灭器(防火罩、防火帽)

例如，在加护热炉的烟道，汽车、拖拉机的尾气排管上等，安装火星熄火器，用以防止飞出的火星引燃可燃物料。

火星熄灭器工作原理图如图 7.23 所示。

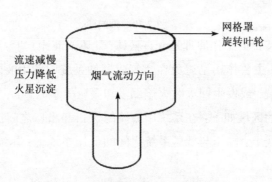

喷水（通水蒸气）

网格罩
旋转叶轮

流速减慢
压力降低
火星沉淀

烟气流动方向

图 7.23　火星熄灭器工作原理图

（3）化学抑制防爆（化学抑爆、抑制防爆）。

化学抑制防爆是在火焰传播显著加速的初期，通过喷洒抑爆剂来抑制爆炸的作用范围及猛烈程度的一种防爆技术。

① 化学抑制防爆装置的适用范围：适用于装有气相氧化剂中可能发生爆燃的气体、油雾或粉尘的任何密闭设备；适用于泄爆易产生二次爆炸或无法开设泄爆口的设备，以及所处位置不利于泄爆的设备。

② 化学抑制防爆装置的系统组成：爆炸探测器、爆炸抑制器和控制器。

③ 工作机制：高灵敏度的爆炸探测器探测到爆炸发生瞬间的危险信号后，通过控制器启动爆炸抑制器，迅速将抑爆剂喷入被保护的设备中，将火焰扑灭，从而抑制爆炸进一步发展。

7.4.5.2　防爆泄压技术

生产系统内一旦发生爆炸或压力骤增时，可通过防爆泄压设施将超高压力释放出去，以减少巨大压力对设备、系统的破坏或减少事故损失。

（1）安全阀。

安全阀可以防止设备和容器内压力过高而爆炸，包括防止物理爆炸和化学爆炸，在泄出气体或蒸气时，产生动力声响，还可起到报警的作用。

按照安全阀结构和作用原理，可将其分为杠杆式安全阀、弹簧式安全阀和脉冲式安全阀。

① 杠杆式安全阀。

杠杆式安全阀利用加载机构(重锤和杠杆)平衡介质作用载阀瓣上的力,如图 7.24 所示。

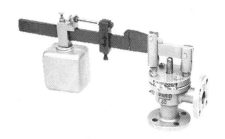

图 7.24 杠杆式安全阀

杠杆式安全阀的结构特点及适用范围如下。

◈ 加载机构中重锤质量和位置的变化可以获得较大的开启或关闭力,调整容易且较准确。

◈ 加载不因阀瓣的升高而增加。

◈ 加载机构对振动感应灵敏,常因振动产生泄漏。

◈ 结构简单但笨重,限于中、低压系统。

◈ 适用于温度较高的系统,不适用持续运行的系统。

② 弹簧式安全阀。

弹簧式安全阀利用压缩弹簧的力来平衡介质作用载阀瓣上的力,如图 7.25 所示。

图 7.25 弹簧式安全阀

弹簧式安全阀的结构特点及适用范围如下。

◈ 通过调整螺母来调节弹簧压缩量,从而按照需要来矫正安全阀的开启压力。

◈ 弹簧力随阀的开启高度而变化,不利于阀的迅速开启。

◈ 结构紧凑,灵敏度高,安装位置无严格限制,应用广泛。

◈ 对振动的敏感性小,可用于移动式的压力容器。

◈ 长期高温会影响弹簧力,不适用于高温系统。

③ 脉冲式安全阀。

脉冲式安全阀通过辅阀上的加载机构(弹簧式或杠杆式)动作产生的脉冲作用,带动主阀动作,如图 7.26 所示。

图 7.26　脉冲式安全阀

脉冲式安全阀的结构特点及适用范围:结构复杂,通常只适用于安全泄放量很大的系统或高压系统。

按照安全阀气体排放方式,可将其分为全封闭式安全阀、半封闭式安全阀、敞开式安全阀。

① 全封闭式安全阀。

全封闭式安全阀的结构特点及适用范围:排出的气体全部通过排放管排放,介质不外泄,主要用于储存有毒或易燃气体的系统。

② 半封闭式安全阀。

半封闭式安全阀的结构特点及适用范围:排出的气体部分通过排放管排放,其他部分从阀盖或阀杆之间的空隙漏出,多用于存有对环境无害气体的系统。

③ 敞开式安全阀。

敞开式安全阀的结构特点及适用范围:没有安装排气管的连接结构,排出的气体从安全阀出口直接排到大气中,多用于存有压缩空气、水蒸气的系统。

设置安全阀时,应注意以下几点。

① 新装安全阀应有产品合格证;安装前,应由安装单位继续复校后加铅封,并出具安全阀校验报告。

② 当安全阀的入口处装有隔断阀时,隔断阀必须保持常开状态并加铅封。

③ 压力容器的安全阀最好直接装设在容器本体上。液化气体容器上的安全阀应安装于气相部分,防止排出液体物料而发生事故。

④ 如果安全阀用于排泄可燃气体，直接将其排入大气，那么必须引至远离明火或易燃物且通风良好的地方，排放管必须逐段用导线接地，以消除静电作用。如果可燃气体的温度高于它的自燃点，应考虑采取防火措施或将气体冷却后再排入大气。

⑤ 安全阀用于泄放可燃液体时，宜将排泄管接入事故储槽、污油罐或其他容器；用于泄放高温油气或易燃、可燃气体等遇空气可能立即着火的物质时，宜接入密闭系统的放空塔或事故储槽。

⑥ 一般安全阀可放空，但要考虑放空口的高度及方向的安全性。室内设备(如蒸馏塔、可燃气体压缩机等)的安全阀、放空口宜引出房顶，并高于房顶 2 m 以上。

(2)爆破片(防爆膜、防爆片)。

① 爆破片的作用。

◈ 当设备、容器及系统由于某种原因压力超标时，爆破片便被破坏，使过高的压力泄放出来，以防止设备、容器及系统受到破坏。

◈ 避免安全阀因压力容器的介质不洁净、易于结晶或聚合，造成堵塞，无法正常开启。

注意：对于工作介质为剧毒气体或可燃气体(蒸气)里含有剧毒气体的压力容器，其泄压装置也应采用爆破片，而不宜使用安全阀。

② 爆破片的防爆效率。其取决于爆破片的厚度、泄压面积和膜片材料的选择。

③ 爆破片的膜片要求。

◈ 泄压膜材料要有一定的强度，以承受工作压力。

◈ 有良好的耐热、耐腐蚀性；同时应具有脆性，当受到爆炸波冲击时，易于破裂。

◈ 膜片厚度要尽可能地薄，但气密性要好。

④ 爆破片的膜片选择。

◈ 正常工作时操作压力较低或没有压力的系统，可选用石棉、塑料、橡皮或玻璃等材质的爆破片。

◈ 操作压力较高的系统可选用铝、铜等材质的爆破片。

◈ 微负压操作时可选用 2~3 mm 厚的橡胶板。

◈ 存有燃爆性气体的系统，不宜选用钢、铁片作为爆破片。

◈ 在存有腐蚀性介质的系统，可在爆破片上涂一层防腐剂。

⑤ 爆破片的要求。

◈ 爆破片应有足够的泄压面积。

◈ 爆破片爆破压力的选定，一般为设备、容器及系统最高工作压力的 1.15~1.30 倍。

◈ 在任何情况下，爆破片的爆破压力均应低于系统的设计压力。

⑥ 爆破片的使用。

◈ 一定要选用有生产许可证单位制造的合格爆破片，其安装要可靠，表面不得有油污。

❖ 运行中应经常检查法兰连接处有无泄漏。

❖ 爆破片一般 6~12 个月更换一次。

❖ 系统超压后未破裂的爆破片及正常运行中有明显变形的爆破片应立即更换。

❖ 凡有重大爆炸危险性的设备、容器及管道，都应安装爆破片。

（3）防爆门（窗）。

防爆门（窗）的使用要求如下。

① 一般设置在使用油、气或燃烧煤粉的燃烧室外壁上。

② 泄压面积与厂房体积的比值（m^2/m^3）宜采用 0.05~0.22。

③ 爆炸介质威力较强或爆炸压力上升速度较快的厂房应尽量加大比值。

④ 防爆门（窗）应设置在人不常到的地方，高度最好不低于 2 m。

7.4.6 课后练习

7.4.6.1 单选题

（1）液化石油气罐装站安装可燃气体探测器时，其安装位置应选择在（　　）。

A.罐装站围墙高处　　　　　　　B.可能泄漏点的上方

C.可能泄漏点的下方　　　　　　D.可能泄漏点的上风向

（2）化工企业火灾爆炸事故不仅会造成设备损毁、建筑物破坏，甚至会致人死亡，因此，预防爆炸是非常重要的工作。防止爆炸的一般方法不包括（　　）。

A.控制混合气体中的可燃物含量处在爆炸极限以下

B.使用惰性气体取代空气

C.使氧气浓度处于极限值以下

D.设计足够的泄爆面积

（3）防火防爆安全装置可以分为阻火隔爆装置与防爆减压装置两大类。下列装置中，属于防爆减压装置的是（　　）。

A.单向阀　　　　　　　　　　　B.爆破片

C.火星熄灭器　　　　　　　　　D.化学抑制防爆装置

（4）防爆的基本原则是根据对爆炸过程特点的分析采取相应的措施，包括防止爆炸发生、控制爆炸发展、削弱爆炸危害。下列措施中，属于防止爆炸发生的是（　　）。

A.严格控制火源，防止爆炸性混合物的形成，检测报警

B.及时泄出燃爆开始时的压力

C.切断爆炸传播途径

D.减弱爆炸压力和冲击波对人员、设备和建筑物的破坏

（5）由电气设备和线路发生故障或错误作业出现的火花称为（　　）。

A.工作火花　　　　B.事故火花　　　　C.疏忽火花　　　　D.特殊火花

(6) 下列情况中，不属于摩擦和撞击引起的着火爆炸的是(　　)。

A.机器轴承的摩擦发热　　　　　　B.铁器和机件的撞击

C.铁桶容器开裂产生火花　　　　　D.电炉加热引起火灾

(7) 爆炸危险场所电气设备的极限温度是指外境温度为(　　)℃时的允许温升。

A.40　　　　　　B.50　　　　　　C.80　　　　　　D.100

(8) 对于厂房必须用通风的方法使可燃气体、蒸汽或粉尘的浓度不致达到危险的程度，一般应控制在爆炸下限(　　)以下。

A.1/2　　　　　　B.1/3　　　　　　C.1/4　　　　　　D.1/5

(9) 下列物品中，不准与任何其他类的物品共储，必须单独隔离储存的是(　　)。

A.雷汞　　　　　　B.乙炔　　　　　　C.硝酸钾　　　　　　D.光气

(10) 下列选项中，不属于防止容器或室内爆炸的安全措施的是(　　)。

A.抗爆容器　　　　B.容器泄压　　　　C.爆炸卸压　　　　D.房间泄压

(11) 机动车辆进入存在爆炸性气体的场所，应在尾气排放管上安装(　　)。

A.火星熄灭器　　　B.安全阀　　　　　C.单向阀　　　　　D.阻火阀门

(12) 下列选项中，不属于阻火隔爆装置的有(　　)。

A.双向阀　　　　　B.火星熄灭器　　　C.止逆阀　　　　　D.阻火阀门

(13) 下列选项中，不属于爆炸抑制系统的是(　　)。

A.爆炸探测器　　　B.爆炸抑制器　　　C.爆炸控制器　　　D.爆炸警告装置

7.4.6.2　多选题

(1) 机械阻火隔爆装置主要有(　　)。

A.工业阻火器　　　　　　　　　　B.主动式隔爆装置

C.被动式隔爆装置　　　　　　　　D.单向阀

E.安全阀

(2) 按照气体排放方式分类，安全阀可分为(　　)。

A.弹簧式　　　　　　　　　　　　B.半封闭式

C.全封闭式　　　　　　　　　　　D.敞开式

E.脉冲式

7.5　电气防火措施

为了有效地防护电气火灾，必须对电气火灾发生和蔓延的可能性、火灾的种类、火灾对人身和财产可能造成的危害、电气设备安装场所的特点及人员操作位置等进行正确分析，并根据分析结果确定相应的火灾监测和灭火系统。

7.5.1 消防供电

（1）建筑物、储罐（区）、堆场的消防用电设备，其电源应符合下列要求。

① 除粮食仓库及粮食筒仓工作塔外，建筑高度大于 50 m 的乙、丙类厂房和丙类仓库的消防用电按照一级负荷供电。

② 下列建筑物、储罐(区)和堆场的消防用电应按照二级负荷供电。

❖ 室外消防用水量大于 30 L/s 的工厂、仓库。

❖ 室外消防用水量大于 35 L/s 的可燃材料堆场、可燃气体储罐（区）和甲、乙类液体储罐（区）。

❖ 座位数超过 1500 个的电影院、剧院，座位数超过 3000 个的体育馆，任一层面积超过 3000 m² 的商店、展览建筑、省(自治区、直辖市)级及以上的广播电视楼、电信楼和财贸金融楼，室外消防用水量超过 25 L/s 的其他公共建筑。

③ 除上述一、二级供电负荷以外的建筑物、储罐（区）和堆场的消防用电，可按照三级负荷供电。

（2）一级负荷供电的建筑，当采用自备发电设备作备用电源时，自备发电设备应设置自动和手动启动装置，且自动启动方式应能在 30 s 内供电。

（3）消防应急、照明灯具和灯光疏散指示标志的备用电源的连续供电时间不应少于 30 min。

（4）消防用电设备应采用专用的供电回路，当生产、生活用电被切断时，应仍能保证消防用电，其配电设备应有明显标志。

（5）消防控制室、消防水泵房、防烟与排烟风机房的消防用电设备及消防电梯等的供电，应在其配电线路的最末一级配电箱处设置自动切换装置。

（6）消防用电设备的配电线路应满足火灾时连续供电的需要，其敷设应符合下列要求。

① 暗敷时，应穿管并应敷设在不燃烧体结构内，且保护层厚度不应小于 30 mm。明敷(包括敷设在吊顶内)时，应穿金属管或封闭式金属线槽，并应采取防火保护措施。

② 当采用阻燃或耐火电缆时，敷设在电缆井、电缆沟内可不采取防火保护措施。

③ 当采用矿物绝缘类不燃性电缆时，可直接明敷。

④ 宜与其他配电线路分开敷设；当敷设在同一井沟内时，宜分别布置在井沟的两侧。

7.5.2 火灾监控系统

7.5.2.1 火灾监控系统的组成

火灾监控系统是以火灾为监控对象，根据防灾要求和特点而设计、构成和工作的，是一种及时发现和通报火情，并采取有效措施控制和扑灭火灾而设置在建筑物中或其他场所的自动消防设施。火灾监控系统可提高建筑物或其他场所的防灾自救能力，将火灾消灭在萌发状态，最大限度地减少火灾危害。火灾监控系统的工作原理如下：被监控场所的火灾信息（如烟雾、温度、火焰光和可燃气等）由探测器监测感受并转换成电信号形式送往报警控制器，由控制器判断、处理和运算，确认火灾后，产生若干输出信号和发出火灾声光警报，一方面使所有消防联锁子系统动作，关闭建筑物空调系统，启动排烟系统、消防水加压泵系统、疏散指示系统和应急广播系统等，以利于人员疏散和灭火；另一方面使自动消防设备的灭火延时装置动作，经规定的延时后，启动自动灭火系统（如气体灭火系统等）。

7.5.2.2　火灾探测方法

对火灾的探测，是以物质燃烧过程中产生的各种现象为依据，以实现早期发现火灾为前提。因此，根据物质燃烧过程中发生的能量转换和物质转换所产生的不同火灾现象与特征，产生了不同的火灾探测方法。主要的火灾探测方法有以下五种。

（1）空气离化探测法。

空气离化探测法是利用放射性同位素释放的 α 射线将空气电离，使腔室（电离室）内空气具有一定的导电性；当烟雾气溶胶进入电离室内，烟粒子将吸附其中的带电离子，使离子电流产生变化。此电流变化与烟浓度有直接关系，并可用电子探测器加以检测，从而获得与烟浓度有直接关系的电信号，用于确认火灾和报警。

（2）光电感烟探测法。

光电感烟探测法是根据光散射定律（轻度着色的粒子，当粒径大于光波长时，将对照射光产生散射作用）工作的。它是在通气暗箱内用发光元件产生一定波长的探测光，当烟雾气溶胶进入暗箱时，其中粒径大于探测光波长的着色烟粒将产生散射光，通过置于暗箱内并与发光元件成一定夹角的光电接收元件收到的散射光强度，可以得到与烟浓度成正比的信号电流或电压，用以判断火灾和报警。

（3）热（温度）检测法。

热（温度）检测法是根据物质燃烧释放热量所引起的环境温度升高或其变化率（升温速率）大小，通过相应的热敏元件（如双金属片、膜盒、热电偶、热电阻等）和相关的电子器件来探测火灾现象。

（4）火焰（光）探测法。

火焰（光）探测法是根据物质燃烧所产生的火焰光辐射，其中主要是对红外光辐射或紫外光辐射，通过相应的红外光敏元件或紫外光敏元件和电子系统来探测火灾现象。

（5）可燃气体探测法。

可燃气体探测法主要用于对物质燃烧产生的烟气体或易燃易爆环境泄漏的易燃气体

进行探测。这类探测方法是利用各种气敏器件及其导电机理，或利用电化学元件的特性变化来探测火灾与爆炸危险性的。根据使用的气敏器件不同，可分为热催化型原理、热导型原理、气敏型原理和三端电化学型原理四种。

根据不同的火灾探测方法和各类物质燃烧时的火灾探测要求，可以构成各种形式的火灾探测器，并可按照待测的火灾参数分为感烟式、感温式、感光式（或光辐射式）火灾探测器和可燃气体探测器，以及烟温、烟光、烟温光等复合式火灾探测器。

火灾监控系统的选择和安装应适应于预期的火灾种类、工作条件和区域特点。设备和系统的安装应当由专业人员或在他们的指导下进行。安装完毕的探测、报警、灭火设备及整个系统都要做功能试验，以保证正常运行，试验时，可不释放灭火剂。对于电监测、电报警和电控设备，应提供可靠的电源（如蓄电池供电系统），其电气线路应考虑采用防火电线电缆，以保证其在火灾和正常条件下的可靠性。在确定火灾探测器的布置、类型、灵敏度及数量时，应考虑被保护区域空间的大小及外形轮廓、气流方式、障碍物及其他特征。探测器应能在由于火灾产生温度升高、烟、水蒸气、气体和辐射等恶劣条件下正常工作。

7.5.3　电气灭火

电气火灾有以下两个特点。

（1）火灾发生后，电气设备和电气线路可能是带电的，如不注意，可能引起触电事故。根据现场条件，可以断电的应断电灭火；无法断电的则带电灭火。

（2）电力变压器、多油断路器等电气设备充有大量的油，着火后，可能发生喷油甚至爆炸事故，造成火焰蔓延，扩大火灾范围。

7.5.3.1　触电危险和断电

电气设备或电气线路发生火灾时，如果没有及时切断电源而扑救人员身体或所持器械，可能因接触带电部分而造成触电事故；使用导电的火灾剂，如水枪射出的直流水柱、泡沫灭火器射出的泡沫等射至带电部分，也可能造成触电事故。火灾发生后，电气设备可能因绝缘损坏而碰壳短路；电气线路可能因电线断落而接地短路，使正常时不带电的金属构架、地面等部位带电，也可能导致接触电压或跨步电压触电危险。因此，发现起火后，首先要设法切断电源。切断电源时，应注意以下几个方面。

（1）火灾发生后，由于受潮和烟熏，开关设备绝缘能力降低，因此，拉闸时最好用绝缘工具操作。

（2）高压应先操作断路器，而不应该先操作隔离开关切断电源；低压应先操作电磁启动器，而不应该先操作刀开关切断电源，以免引起弧光短路。

（3）切断电源的地点要选择适当，防止切断电源后影响灭火工作。

（4）剪断电线时，不同相的电线应在不同的部位剪断，以免造成短路。剪断空中的电线时，剪断位置应选择在电源方向的支持物附近，以防止电线剪后断落下来，造成接地短路和触电事故。

7.5.3.2　带电灭火安全要求

有时，为了争取灭火时间，防止火灾扩大而来不及断电，或因灭火、生产等需要不能断电，则需要带电灭火。带电灭火时，需注意以下三个方面。

（1）应按照现场特点选择适当的灭火器。二氧化碳灭火器、干粉灭火器的灭火剂都是不导电的，可用于带电灭火。泡沫灭火器的灭火剂（水溶液）有一定的导电性，而且对电气设备的绝缘有影响，不宜用于带电灭火。

（2）用水枪灭火时，宜采用喷雾水枪，这种水枪流过水柱的泄漏电流小，带电灭火比较安全。用普通直流水枪灭火时，为防止通过水柱的泄漏电流通过人体，可以将水枪喷嘴接地（即将水枪接入埋入接地体，或接向地面网络接地板，或接向粗铜线网络鞋套）；也可以让灭火人员穿戴绝缘手套、绝缘靴或穿戴均压服操作。

（3）人体与带电体之间要保持必要的安全距离。用水灭火时，水枪喷嘴至带电体应保持以下距离：电压为 10 kV 及以下不应小于 3 m，电压为 220 kV 及以上不应小于 5 m。

（4）用二氧化碳等有不导电灭火剂的灭火器灭火时，机体、喷嘴至带电体应保持以下距离：电压为 10 kV 不应小于 0.4 m，电压为 35 kV 不应小于 0.6 m。

（5）对架空线路等空中设备进行灭火时，人体位置与带电体之间的仰角不应超过 45°。

7.5.3.3　充油电气设备的灭火

充油电气设备的油的闪点多在 130~140 ℃，有较大的危险性。如果只在该设备外部起火，可用二氧化碳、干粉灭火器带电灭火。如火势较大，应切断电源，并可用水灭火。如油箱被破坏，喷油燃烧，火势很大时，除切断电源外，有事故储油坑的应设法将油放进储油坑，坑内和地面上的油火可用泡沫扑灭。要防止燃烧着的油流入电缆沟而顺沟蔓延，电缆沟内的油火只能用泡沫覆盖扑灭。

发电机和电动机等旋转电机起火时，为防止轴和轴承变形，可令其慢慢转动，用喷雾水灭火，并使其均匀冷却；也可用二氧化碳或蒸气灭火，但不宜用干粉、砂子或泥土灭火，以免损伤电气设备的绝缘。

7.5.4　课后练习

7.5.4.1　单选题

（1）消防控制室、消防水泵房、防烟与排烟风机房的消防用电设备及消防电梯等的供电，应在其配电线路的（　　）配电箱处设置自动切换装置。

A.初级　　　　　　　B.中间级　　　　　　C.最末一级　　　　　D.初级、中间级、最末一级

（2）可用于发电机和电动机等旋转电机灭火的是（　　）。

A.干粉　　　　　　B.砂子　　　　　C.自来水　　　　　D.二氧化碳

7.5.4.2　多选题

（1）主要的火灾探测方法有（　　）。

A.空气离化探测法　　　　　　　B.光电感烟探测法

C.热（温度）检测法　　　　　　D.火焰（光）探测法

E.可燃气体探测法

（2）集中报警系统适用于（　　）。

A.大型建筑群　　B.商场　　　　　C.高层宾馆　　　　D.饭店

E.综合楼

第8章 应急救援

8.1 应急救援组织

在迅速、就地的原则要求下，应急组织应以现场人员为主。触电事故应急组织体系是分部应急救援组织体系的一部分，接受应急救援领导小组的领导，设置触电事故应急处置小组，如图8.1所示。

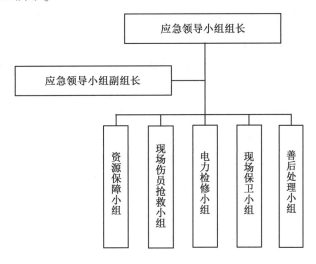

图 8.1 事故应急救援小组

8.1.1 各小组职责

应急领导小组组长：对现场伤员抢救、电力抢险、资源保障进行应急领导，确保伤员抢救人员、电力调度、急救车辆调度能迅速落实到位，保证伤员能顺利脱险，触电事故不再扩大。

应急领导小组副组长：在应急领导小组组长不能及时到场的时候，执行应急领导小组组长的职责。

资源保障小组：负责组织分部相关人员，在发生触电事故时及时提供抢救车辆，保证伤员能及时得到抢救。

现场伤员抢救小组：负责组织分部相关人员，按照正确的处理方法，对伤员进行急救，直到医疗机构人员到场。

电力检修小组：负责组织分部相关人员，在伤员脱离危险区后，查找触电原因，确保触电事故不再扩大。

现场保卫小组：负责组织分部相关人员，对事故发生区域进行警戒，不让无关人员入内，指挥现场交通，确保抢险车辆能顺利通行。

善后处理小组：负责组织分部相关人员，协助医疗救护机构人员做好相关医疗事宜，确保治疗经费及伤员的后期处理。

8.1.2 预防及预警

8.1.2.1 触电事故的监控

每个作业班组均有义务对本班组工作区域进行经常性的触电危险排查。同时，负责区域内的触电事故监控，以便及时施救。

8.1.2.2 预警行动

（1）电工作为现场触电排查的负责人，在发现事故隐患后，要及时排除隐患。不能及时排除隐患的，要在危险处设置警示标志，并向触电事故应急处置小组报告，与小组成员一起向施工班组进行危险情况交底。施工班组长接到交底后，要及时告知班组内的工人，让大家知道危险存在的地方。

（2）现场其他事故人员（如安全员、技术员、物资员、施工员等）在发现触电事故隐患后，也要执行第（1）项所述预警措施。

（3）在阴雨天气、高温天气等易发生触电事故的时期，电工要向施工人员发出触电事故警告。

8.1.3 课后练习

多选题

触电事故应急处置小组包括（　　　　）。

A.资源保障小组　　　　　　　　B.现场伤员抢救小组

C.电力检修小组　　　　　　　　D.善后处理小组

E.现场保卫小组

8.2 触电急救

人触电后，即使心跳呼吸停止了，如果能立即进行抢救，也还有救活的机会。一些统计资料结果表明：若心跳呼吸停止，在 1 min 内进行抢救，约有 80% 的概率可以救活；若在 6 min 才开始抢救，则有 8% 的概率救不活。由此可见，触电后，应争分夺秒，立即就地正确地抢救是至关重要的，触电急救必须迅速处理以下几个步骤。

8.2.1　低压触电脱离电源的方法

8.2.1.1　断开电源开关

如果电源开关或插头就在附近，应立即断开电源开关或拔掉插头，但要注意以下两点。

（1）单刀开关装在零线时，断开开关，相线仍然有电。

（2）单刀开关装在相线时，断开开关，开关的进线端仍然带电。

8.2.1.2　用绝缘工具将电线切断

救护人员如有绝缘胶柄的钳子或绝缘木柄的刀斧，可用这些绝缘工具将触电回路上的绝缘导线切断。注意：必须将相线、零线都切断，因为不知道哪根是相线，若只切断一根，则不能保证触电者脱离电源。断线时，应逐根切断，断开的线应错开，以防止断口接触发生短路。同时要防止断口触及他人或金属体。

8.2.1.3　用绝缘物体将带电导线从触电者身上移开

如果带电体触及人体发生触电时，可以用绝缘物体（如干燥的木棍、竹竿等）小心地将电线从触电者身上拨开，但不能用力挑，以防止电线甩出触及自身或他人，也要小心电线沿木棍滑向自己；也可用干燥绝缘的绳索缠绕在电线上将电线拖离触电者，对于电杆倒地造成电线触及人体，在拨开电线救人时，要特别小心电线弹起。

8.2.1.4　将触电者拉离带电物体

（1）如果触电者的衣服是干燥又不紧身的，救护人员应先用干燥的衣服将自己的手严密包裹，再用包好的手拉着触电者干燥的衣服，将触电者拉离带电物体，或用干燥的木棍将触电者撬离带电物体。如果触电者的皮肤是带电的，千万不能触及，也不能触及触电者的鞋，拉触电者时，自己一定要站稳，防止跌倒在触电者身上。救护人员没有穿鞋或鞋是湿的时候，不能用此方法救人。

（2）高压触电脱离电源的方法。

① 立即通知有关部门停电。

② 戴上绝缘手套，穿上绝缘靴，使用相应电压等级的绝缘工具拉开开关。

（3）使触电者脱离电源时的注意事项。

① 救人时，要确保自身安全，防止自己触电，必须使用适当的绝缘工具，不能使用金属或潮湿物件作为救护工具，并且尽可能单手操作。

② 触电时，电流作用使肌肉痉挛，手会紧紧抓住带电体，电源一旦被切断，没有电流的作用，手可能会松开而使人摔倒。

③ 在黑暗的地方发生触电事故时，应迅速使用临时照明设备（如用手电筒），以便看清楚导致触电的带电物体，防止自己触电，也便于看清触电者的状况，以利于抢救。

④ 高压触电时，不能用干燥木棍、竹竿去拨开高压线，应与高压带电体保持足够的安全距离，防止跨步电压触电。

8.2.2 脱离电源后，检查触电者受伤情况的方法

8.2.2.1 检查触电者是否清醒的方法

在触电者耳边响亮而清晰地喊其名字或"张开眼睛"，或用手拍打其肩膀，如触电者无反应，则是失去知觉，神志不清。

如果触电者神志不清，救护人员应将其平放仰卧在干燥的地上，通过"看""听""试"判断其是否有自主呼吸，看胸、即腹部有无起伏，听有无呼吸的气流声，试口鼻有无呼气的气流(见图8.2)，如果都没有，则可判断触电者没有自主呼吸。(应在10 s内完成"看""听""试"过程，并做出判断。)

正常　　瞳孔放大

（a）检查瞳孔　　　　（b）检查呼吸　　　　（c）检查心跳

图 8.2 判断触电者受伤害程度

8.2.2.2 检查触电者是否有心跳的方法

检查触电者颈动脉(颈动脉位于颈部气管和邻近肌肉带之间的沟内)是否搏动，如测不到颈动脉搏动，则可判断其心跳停止。救护人员用一只手放在触电者前额，使其头部保持后仰，另一只手的食指与中指并齐放在触电者的喉结部位，然后将手指滑向颈部气管和邻近肌肉带之间的沟内，就可测到颈动脉的搏动。测颈动脉脉搏时，应避免用力压迫动脉，脉搏可能缓慢不规律或微弱而快速，因此，测试时间需要5~10 s。

8.2.3 心跳、呼吸停止的现场抢救方法

8.2.3.1 根据受伤情况采取不同的处理方法

(1)脱离电源后，如果触电者神志清醒，应让触电者就地平卧安静休息，不要走动，以减小心脏负担，应有人密切观察其呼吸和脉搏变化，天气寒冷时，要注意保暖。

(2)如果触电者神志不清，有心跳，但呼吸停止，应立即进行口对口的人工呼吸；如果不及时进行人工呼吸，触电者的心脏因缺氧很快就会停止跳动。如果触电者呼吸很微弱，也应立即对其进行人工呼吸，因为微弱的呼吸起不到气体交换作用。

(3)如果触电者神志不清，有呼吸，但心跳停止，应立即对其进行人工胸外心脏按压。

(4)如果触电者心跳停止，同时呼吸也停止或呼吸微弱，应立即对其进行心肺复苏

抢救。

（5）如果触电者心跳、呼吸均停止并伴有其他伤害，应先对其进行心肺复苏，再处理其他外伤。

8.2.3.2 现场心肺复苏的生理基础

触电者心跳、呼吸停止后，救护人员必须争分夺秒，立即对其进行就地抢救。现场抢救是用人工呼吸的方法恢复气体交换，用人工胸外心脏按压的方法恢复循环、恢复对全身细胞供氧，对人体进行基本的生命支持，同时配合其他治疗，使触电者恢复自主的心跳和呼吸。

8.2.3.3 口对口（鼻）人工呼吸的方法

（1）人工呼吸的作用。

人工呼吸是伤员不能自主呼吸，救护人员人为地帮助其进行被动呼吸。救护人员将空气吹入伤员肺内，然后伤员自主呼出，达到气体交换的目的，以维持氧气供给。

（2）人工呼吸前的准备工作。

① 平放仰卧。使伤员仰面平躺。

② 松开衣裤。松开伤员的上衣和裤带，使其胸、腹部能够自由舒张。

③ 清净口腔。检查伤员口腔，如有痰、血块、呕吐物或松脱的假牙等异物，应将其清除，以防止异物堵塞喉咙，阻碍吹气和呼气。可将伤员头部侧向一面，以利于将异物清除。

④ 头部后仰，鼻孔朝天。

（3）吹气、呼气的方法。

① 深吸一口气。吹入伤员肺内的气量达到 800~1200 mL（成年人），才能保证有足够的氧，所以救护人员吹气前应先深吸一口气。

② 口对口，紧捏鼻，吹气。救护人员将一只手放在伤员额上，用拇指和食指将伤员鼻孔捏紧，另一只手拖住伤员下颚，使其头部固定，救护人员低下头，将口贴紧伤员的口，吹气。吹气时，应将伤员的鼻孔捏紧，口要贴紧，以防漏气，吹气要均匀，将吸入的气全部吹出，时间约 1 s。

③ 口离开，松开鼻，自行呼气。吹气后，随即松开伤员的鼻孔，口离开，让伤员自行将气呼出，时间约为 5 s。伤员呼气时，救护人员抬起头准备再深吸气，伤员呼完气后，救护人员紧接着口对口吹气，持续进行抢救，如图 8.3 所示。

图 8.3　人工呼吸

8.2.3.4 人工胸外按压的方法

（1）心脏按压的作用。

心跳停止后，血液循环失去动力，用人工心脏按压的方法可建立血液循环。人工有节奏地压迫心脏，按压时使血液流出，放松时心脏舒张使血液流入，这样可迫使血液在人体内流动。

（2）按压心脏前的准备。

① 放置好伤员并使其气道顺畅。

将伤员平放仰卧在硬地上（或在其背部垫硬板，以保证按压效果），应使其头部低于心脏，以利血液回流心脏。同时松开紧身衣裤，清净口腔，使其气道顺畅。

② 确定正确的按压部位。

人工胸外心脏按压是按压胸骨下半部，间接压迫心脏使血液循环。只有按压部位正确，才能保证效果；按压部位不当，不仅无效，甚至有危险，比如压断肋骨及内脏，或将胃内流质压出引起气道堵塞等。

正确的按压部位是胸部正中两乳连接水平处。

（3）正确的按压方法。

① 两手相叠放在正确的按压部位上，手掌紧贴胸部，手指稍翘起，不要接触胸部，按压时，只是手掌用力下压，手指不得用力，否则会使肋骨骨折。

② 腰稍向前弯，上身略向前倾，使双肩在双手正上方，两臂伸直，垂直均匀用力向下压，压陷 4~5 cm，使血液流出心脏。

③ 压陷后，立即放松，使胸部恢复原状，心脏舒张使血液流入心脏，但手不要离开胸部。

④ 以每分钟 100 次的频率节奏均匀地反复按压，按压与放松时间相等。

⑤ 对于婴儿和幼童，只用两只手指按压，压下约 2 cm；对于 10 岁以上儿童，用一只手按压，压下约 3 cm，按压频率都是每分钟 100 次。

⑥ 救护人员的位置：伤员躺在地上时，可以跪在伤员一侧或骑跪在伤员腰部两侧（但不能蹲着），以保证双臂能垂直下压来确定具体位置，如图 8.4 所示。

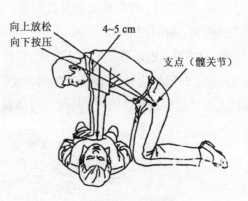

图 8.4 体外心脏按压

8.2.3.5 现场心肺复苏的方法

（1）单人抢救。

人工呼吸和体外心脏按压应交替进行，每做 2 次人工呼吸再按压心脏 30 次，反复进行，但在做第二次人工呼吸时，吹气后，不必等伤员呼气,就可以立即按压心脏。

(2)双人抢救。

一人进行人工呼吸并判断伤员是否恢复自主呼吸和心跳,另一人进行心脏按压。一人吹两口气后不必等伤员呼气,另一人立即按压心脏30次,反复进行。

8.2.3.6　采用人工呼吸、心脏按压方法对伤员进行抢救的注意事项

(1)要立即、就地、正确、持续抢救。越早开始抢救,伤员生还的机会越大。使伤员脱离电源后,立即对其进行就地抢救,避免因转移伤员而延误了抢救时机。抢救应坚持不断,在医务人员接替抢救前,现场救护人员不得放弃抢救,也不得随意中断抢救。

(2)抢救过程中,要注意观察伤员的变化,每做5个循环(人工呼吸2次、心脏按压30次为一个循环),检查一次伤员是否恢复自主心跳、呼吸。

① 若伤员恢复呼吸,则停止对其吹气。

② 若伤员恢复心跳,则停止按压其心脏,否则会使伤员心脏停搏。

③ 若伤员心跳、呼吸都恢复,则可暂停抢救,但仍要密切注意其呼吸脉搏的变化,因为其有随时再次骤停的可能。

④ 如果伤员心跳呼吸虽未恢复,但皮肤转红润、瞳孔由大变小,说明抢救已收到效果,要继续对其进行抢救。

⑤ 如果伤员出现尸斑,身体僵冷,瞳孔放大,经医生确定真正死亡,可停止抢救。

8.2.4　课后练习

单选题

(1) 人工呼吸的方法有很多,目前认为(　　　)效果最好。

A.口对口人工呼吸法　　　　　　　　B.口对鼻呼吸法

C.简易呼吸器法　　　　　　　　　　D.以上方法都很好

(2) 发生触电事故时,切不可惊慌失措、束手无策,首先要马上(　　　)。

A.拨打120急救电话　　　　　　　　B.口对口人工呼吸

C.对触电者进行体外心脏按压　　　　D.切断电源

(3) 体外心脏按压法的操作要连续进行,按压频率要达到每分钟(　　　)。

A.30~60次　　　　B.50~70次　　　　C.80~120次　　　　D.130~150次

8.3　创伤急救

创伤急救原则上是先抢救、后固定、再搬运,并注意采取措施,防止伤情加重或受到污染。需要送医院救治的,应立即做好保护伤员措施后,再送医院救治。抢救前,先使伤员安静躺平,判断其全身情况和受伤程度,如有无出血、骨折和休克等状况。如果伤员外部出血,应立即采取止血措施,防止其失血过多而休克。如果伤员外观无伤,但呈休克状态，神志不清或昏迷，要考虑其胸、腹部内脏或脑部受伤的可能性。

为防止伤口感染，应用清洁布片覆盖。救护人员不得用手直接接触伤口，更不得在伤口内填塞任何东西或随便用药。搬运时，应使伤员平躺在担架上，腰部束在担架上，防止跌下。平地搬运时，伤员头部在后，上楼、下楼和下坡时头部在上，搬运中应严密观察伤员，防止伤情突变。

止血，伤口渗血的方法：用较伤口稍大的消毒纱布数层覆盖伤口，然后进行包扎。若包扎后仍有较多渗血，可再加绷带适当加压止血。当伤口出血呈喷射状或鲜红血液涌出时，立即用清洁手指压迫出血点上方（近心端），使血流中断，并将出血肢体抬高或举高，以减少出血量。用止血带或弹性较好的布带等止血时，应先用柔软布片或伤员的衣袖等叠数层垫在止血带下面，再扎紧止血带，以刚刚使肢端动脉搏消失为度。上肢每 60 min、下肢每 80 min 放松一次，每次放松 1~2 min。开始扎紧与每次放松的时间均应以书面标明在止血带旁。扎紧时间不宜超过 4 h。不要在上臂中 1/3 处和腋窝下使用止血带，以免损伤神经。若放松时观察伤员已无大出血，可暂停使用。严禁用电线、铁丝或细绳等作止血带。高处坠落、撞击或按压可能使胸腹内脏破裂出血。伤员外观未出血但表现为面色苍白、脉搏细弱、气促、冷汗淋漓、四肢厥冷、烦躁不安，甚至神志不清等休克状态，应迅速令其躺平，抬高下肢，保持温暖，立即送医院救治。若送医院途中时间较长，可给伤员饮用少量的糖盐水。

8.4 电伤处理

电伤是触电引起的人体外部损伤，包括电击引起的摔伤、电灼伤、电烙印和皮肤金属化这类组织损伤，需要将触电者送至医院治疗。但现场必须做预处理，以防止细菌感染，损伤扩大。

对于一般性的外伤创面，可先用无菌生理食盐水或清洁的温开水冲洗后，再用消毒纱布、防腐绷带或干净的布包扎，然后将触电者护送去医院。

如果伤口大出血，要立即设法止住。压迫止血法是最迅速的临时止血法，即用手指、手掌或止血橡皮带在出血处供血端将血管压瘪在骨髓上而止血，同时迅速送触电者到医院处置。如果伤口出血不严重，可用消毒纱布或干净的布料叠几层盖在伤口处压紧止血。

高压触电造成的电弧灼伤往往深达骨髓，处理方法十分复杂。现场救护可先用无菌生理盐水或清洁的温开水冲洗，再用酒精全面涂擦，然后用消毒被单或干净的布类包裹好，将其送往医院处理。

对于因触电摔跌而骨折的触电者，应先止血、包扎，再用木板、竹竿或木棍等物品将骨折肢体临时固定并速送医院处理。

附录　课后练习答案

1.1.3　课后练习

1.1.3.1　单选题

（1）【正确答案】B

解析：男性的感知电流约为 1.1 mA，女性的感知电流约为 0.7 mA。

（2）【正确答案】A

解析：感知电流是引起人有感觉的最小电流。

（3）【正确答案】C

解析：摆脱电流是人触电后能自行摆脱带电体的最大电流。

（4）【正确答案】D

解析：室颤电流是通过人体引起心室发生纤维性颤动的最小电流。

（5）【正确答案】A

解析：跨步电压触电是指站立或行走的人体，受到出现于人体两脚之间的电压（即跨步电压）作用所引起的电击。

（6）【正确答案】B

解析：发生电击时，人体所触及的带电体为正常运行的带电体时，称为直接接触电击。而当电气设备发生事故（如绝缘损坏，造成设备外壳意外带电）时，人体触及意外带电体所发生的电击称为间接接触电击。

（7）【正确答案】B

解析：体内电阻基本上可以看作纯电阻，主要决定于电流途径和接触面积。在除去角质层且干燥的情况下，人体电阻为 1000~3000 Ω；在潮湿的情况下，人体电阻为 500~800 Ω。人体电阻受多种因素影响，会发生变动。例如，接触电压的增大、电流的增大、频率的增加等因素都会导致人体阻抗下降，皮肤表面潮湿、有导电污物、伤痕、破损等也会导致人体阻抗降低。由此可见，接触压力、接触面积的增大均会降低人体阻抗。

（8）【正确答案】D

解析：最危险的电流途径是左手到前胸。

（9）【正确答案】B

解析：本题考查的是触电。就平均值而言，男性的感知电流约为 1.1 mA，女性的感知电流约为 0.7 mA。

（10）【正确答案】D

解析：本题考查的是触电。摆脱电流是指自主摆脱带电体的最大电流。就平均值（可摆脱概率为 50%）而言，男性约为 16 mA，女性约为 10.5 mA；就最小值（可摆脱概率为 99.5%）而言，男性约为 9 mA，女性约为 6 mA；当超过摆脱电流时，由于受刺激的肌肉收缩或中枢神经失去对手的正常指挥作用，导致无法自主摆脱带电体。

（11）【正确答案】D

解析：本题考查的是触电。电伤包括电烧伤、电烙印、皮肤金属化、机械损伤、电光性眼炎等多种伤害。

（12）【正确答案】B

解析：本题考查的是触电。选项 A 错误，能够形成电伤的电流通常比较大。选项 C 错误，电弧烧伤是最严重的电伤。选项 D 错误，在短暂照射的情况下，引起电光性眼炎的主要原因是紫外线。

1.1.3.2 多选题

（1）【正确答案】DE

解析：本题主要考查的是电击的主要特征。其中，在"电流对人体作用的影响因素"特征中，电流对人体的伤害程度与通过人体的电流大小、种类、持续时间、通过途径及人体状况等多种因素有关。

（2）【正确答案】ABDE

解析：本题主要考查的是电流所造成的伤害，即电伤。

（3）【正确答案】ABDE

解析：本题考查的是触电。按照电能的形态，电气事故可分为触电事故、雷击事故、静电事故、电磁辐射事故和电气装置事故。

（4）【正确答案】ABCD

解析：本题考查的是触电。在全部的电伤事故当中，大部分的事故发生在电器维修人员身上。电伤包括：① 电烧伤；② 电烙印，皮肤表层坏死，失去知觉；③ 皮肤金属化，可导致局部坏死；④ 机械损伤，包括肌腱、皮肤、血管、神经组织断裂及关节脱位乃至骨折等；⑤ 电光性眼炎，其表现为角膜和结膜发炎。

（5）【正确答案】ABCD

解析：本题考查的是触电。选项 E 错误，电流灼伤一般发生在低压电气设备上。

1.2.2 课后练习

【正确答案】D

解析：本题考查的是电气火灾和爆炸。电弧形成后的弧柱温度可高达 6000 ～

7000 ℃，甚至可达 10000 ℃ 以上。

1.3.4 课后练习

1.3.4.1 单选题

（1）【正确答案】A

解析：本题考查的是电气装置及电气线路发生燃爆。刀开关、断路器、接触器和控制器等接通和断开线路时，会产生电火花。

（2）【正确答案】C

解析：本题考查的是电气装置及电气线路发生燃爆。电缆火灾的常见起因如下：电缆绝缘损坏；电缆头故障使绝缘物自燃；电缆接头存在隐患；堆积在电缆上的粉尘起火；可燃气体从电缆沟窜入变、配电室；电缆起火形成蔓延。选项中仅 C 项属于外部因素。

1.3.4.2 多选题

（1）【正确答案】ABC

解析：本题考查的是电气装置及电气线路发生燃爆。形成危险温度的典型情况包括：短路、过载、漏电、接触不良、铁芯过热、散热不良、机械故障、电压异常、电热器具和照明器具、电磁辐射能量。

（2）【正确答案】ACDE

解析：本题考查的是电气装置及电气线路发生燃爆。B 选项，发生短路时，线路中电流增大为正常时的数倍乃至数十倍，由于载流导体来不及散热，温度急剧上升，除对电气线路和电气设备产生危害，还会形成危险温度。故 B 项错误。

（3）【正确答案】ABC

解析：产生危险温度的典型情况包括短路、过载、漏电、接触不良、铁芯过热、散热不良、机械故障、电压异常、电热器具和照明器具、电磁辐射能量、电火花和电弧。

1.4.3 课后练习

【正确答案】C

解析：本题考查的是射频电磁场危害。射频指无线电波的频率或者相应的电磁振荡频率，泛指 100 kHz 以上的频率。

2.1.4 课后练习

（1）【正确答案】D

解析：在任何情况下，绝缘电阻不得低于每伏工作电压 1000 Ω，并应符合专业标准的规定。

（2）【正确答案】C

（3）【正确答案】D

解析：绝缘、屏护和间距是直接接触电击的基本防护措施。

（4）【正确答案】A

（5）【正确答案】C

解析：本题考查的是直接接触电击的防护措施。工程上应用的绝缘材料电阻率一般都不低于 107 Ω·m。

（6）【正确答案】C

解析：本题考查的是直接接触电击的防护措施。选项 A 错误，耐热分级为 A 级的绝缘材料，极限温度为 105 ℃；B 级的极限温度为 130 ℃。选项 B 错误，遮栏高度不应低于 1.7 m，下边缘距离地不超过 0.1 m。选项 D 错误，起重机具至线路导线间的最小距离要求：1 kV 及以下不应小于 1.5 m，10 kV 及以上不应小于 2 m。

2.2.4　课后练习

2.2.4.1　单选题

（1）【正确答案】A

解析：本题考查的是触电防护技术。接地装置接地电阻为 3 Ω，电流为 10 A。所以，电压为 30 V。并联电路电压相同，所以，人上面的电压也是 30 V。该电压除以人体电阻即可得到流经人体的电流，为 30 mA。

（2）【正确答案】A

解析：本题考查的是触电防护技术。TN-S 系统是 N 线与 PE 线完全分开的系统。

（3）【正确答案】D

解析：本题考查的是触电防护技术。在爆炸危险、火灾危险性大及其他安全性要求高的场所，应采用 TN-S 系统。

（4）【正确答案】D

解析：本题考查的是触电防护技术。当截面面积小于或等于 16 mm^2 时，保护零线截面就取其截面面积。

（5）【正确答案】D

（6）【正确答案】D

解析：本题考查的是间接接触电击防护措施。保护接零的安全原理是当某相带电部分碰连设备外壳时，形成该相对零线的单相短路，短路电流促使线路上的短路保护元件迅速动作，从而把故障设备电源断开，消除电击危险。

（7）【正确答案】C

解析：本题考查的是间接接触电击防护措施。电缆或架空线路引入车间或大型建筑物处，配电线路的最远端及每 1 km 处，高低压线路同杆架设时共同敷设的两端应作重复接地。每一重复接地的接地电阻不得超过 10 Ω；在低压工作接地的接地电阻允许不超过

10 Ω 的场合，每一重复接地的接地电阻允许不超过 30 Ω，但不得少于 3 处。

2.2.4.2 多选题

（1）【正确答案】ABCE

解析：本题考查的是触电防护技术。

（2）【正确答案】ACE

解析：本题考查的是间接接触电击防护措施。间接接触电击防护措施有 IT 系统、TT 系统和 TN 系统。

2.3.4 课后练习

（1）【正确答案】B

解析：本题考查的是触电防护技术。0 类设备无保护接地；I 类设备必须装接保护接地；II 类设备不采用保护接地措施；III 类设备不得具有保护接地手段。

（2）【正确答案】A

解析：本题考查的是触电防护技术。在金属容器内、特别潮湿处等特别危险环境中，使用的手持照明灯应采用 12 V 特低电压。

（3）【正确答案】A

解析：本题考查的是触电防护技术。A 选项，人会承受相间电压，形成回路。

（4）【正确答案】B

解析：本题考查的是兼防直接接触和间接接触电击的措施。加强绝缘在绝缘强度和机械性能上具备与双重绝缘同等防触电能力的单一绝缘，在构成上可以包含一层或多层绝缘材料。

（5）【正确答案】B

解析：本题考查的是兼防直接接触和间接接触电击的措施。剩余电流动作保护的工作原理是由零序电流互感器获取漏电信号，经转换后，使线路开关跳闸。

（6）【正确答案】A

解析：本题考查的是兼防直接接触和间接接触电击的措施。在水下作业等场所使用的手持照明灯应采用 6 V 特低电压。

（7）【正确答案】D

解析：本题考查的是兼防直接接触和间接接触电击的措施。安全电压属于兼有直接接触电击和间接接触电击防护的安全措施。

3.1.3 课后练习

3.1.3.1 单选题

（1）【正确答案】A

解析：本题考查的是电气防火防爆技术。ⅡA 类的 $MESG \geqslant 0.9$ mm，$MICR > 0.8$。

（2）【正确答案】B

解析：本题考查的是电气防火防爆技术。1 区指的是正常运行时可能出现（预计周期性出现或偶然出现）爆炸性气体、蒸气或薄雾的区域。

（3）【正确答案】C

解析：本题考查的是危险物质及危险环境。对于Ⅱ类爆炸性气体，按照最大试验安全间隙（$MESG$）和最小引燃电流比（$MICR$）进一步划分为ⅡA，ⅡB，ⅡC 三类。

（4）【正确答案】D

解析：本题考查的是危险物质及危险环境。ⅢA：可燃性飞絮；ⅢB：非导电粉尘；ⅢC：导电粉尘。其中，最危险的是ⅢC 类粉尘。

（5）【正确答案】D

解析：本题考查的是危险物质及危险环境。T4 组引燃温度为 135 ℃ $< T \leqslant$ 200 ℃。

（6）【正确答案】D

解析：本题考查的是危险物质及危险环境。ⅡC 类危险性大于ⅡA，ⅡB 类，最为危险。

（7）【正确答案】B

解析：本题考查的是危险物质及危险环境。1 区指正常运行时可能出现（预计周期性出现或偶然出现）爆炸性气体、蒸气或薄雾的区域，如油罐顶上呼吸阀附近。

（8）【正确答案】D

解析：本题考查的是危险物质及危险环境。在正常工程运行中，可燃性粉尘连续出现或经常出现其数量足以形成可燃性粉尘与空气混合物的场所及容器内部为 20 区。

（9）【正确答案】B

解析：本题考查的是危险物质及危险环境。良好的通风标志是混合物中危险物质的浓度被稀释到爆炸下限的 25% 以下。

3.1.3.2 多选题

（1）【正确答案】ABCE

（2）【正确答案】BCE

解析：本题考查的是危险物品及危险环境。根据 IEC 和我国有关标准，将通风分为高级通风、中级通风和低级通风。

（3）【正确答案】ABC

解析：本题考查的是爆炸。按照能量的来源，爆炸可以分为三类：物理爆炸、化学爆炸和核爆炸。

（4）【正确答案】ACE

解析：本题考查的是爆炸。气相爆炸包括：可燃性气体和助燃性气体混合物的爆炸；气体的分解爆炸；液体被喷成雾状物在剧烈燃烧时引起的爆炸(称为喷雾爆炸)；飞扬悬浮于空气中的可燃粉尘引起的爆炸；等等。选项 A 属于液相爆炸。

(5)【正确答案】ABE

解析：本题考查的是爆炸控制。不准与任何其他类的物品共储，必须单独隔离储存的爆炸物品有苦味酸、三硝基甲苯、硝化棉、硝化甘油、硝铵炸药、雷汞等。

3.2.3 课后练习

3.2.3.1 单选题

(1)【正确答案】B

解析：本题考查的是电气防火防爆技术。Ⅰ类指用于煤矿瓦斯气体环境的电气设备；Ⅱ类指用于煤矿甲烷以外的爆炸性气体环境的电气设备；Ⅲ类指用于爆炸性粉尘环境的电气设备。

(2)【正确答案】D

解析：本题考查的是防爆电气设备和防爆电气线路。在爆炸危险环境危险等级 2 区的范围内，电力线路应采用截面面积为 4 mm^2 及以上的铝芯导线或电缆，照明线路可采用截面面积为 2.5 mm^2 及以上的铝芯导线或电缆。

(3)【正确答案】B

解析：本题考查的是防爆电气设备和防爆电器线路。引向低压笼型感应电动机支线的允许载流量不应小于电动机额定电流的 1.25 倍。

3.2.3.2 多选题

(1)【正确答案】ABCE

解析：本题考查的是危险物质及危险环境。根据爆炸危险物出现的频繁程度和持续时间、释放源的等级和通风条件进行分区。

(2)【正确答案】ACDE

解析：本题考查的是引燃源及其控制。防爆电气设备可分为隔爆型、充油型、充砂型、通风充气型、本质安全型、无火花型等。

4.1.4 课后练习

4.1.4.1 单选题

(1)【正确答案】A

(2)【正确答案】B

4.1.4.2 多选题

【正确答案】ACD

解析：本题考查的是雷电危害。选项 B 错误，大约 50% 的直击雷有重复放电特征；选项 E 错误，每次雷击的全部放电时间一般不超过 500 ms。

4.2.6 课后练习

4.2.6.1 单选题

（1）【正确答案】A

解析：本题考查的是防雷措施。建筑物防雷的分类按照遭受雷击的可能性和后果的严重性，从高到低分为一到三类。电石库属于一类。

（2）【正确答案】B

解析：本题考查的是防雷措施。外部防雷装置是指用于防止直击雷的防雷装置，由接闪器、引下线和接地装置组成。内部防雷由屏蔽导体、等电位联结件和电涌保护器等组成。

（3）【正确答案】B

解析：本题考查的是防雷措施。选项 A"雷电侵入波"防护也是各类防雷建筑物均应采取的防雷措施。选项 C"反击"和选项 D"二次放电"的对策措施是远离建筑物的避雷针及其接地引下线，远离各种天线、电线杆、高塔、烟囱、旗杆、孤独的树木和没有防雷装置的孤立小建筑等。

（4）【正确答案】C

解析：本题考查的是防雷措施。接闪器的保护范围按照滚球法确定，滚球的半径按照建筑物防雷类别确定，一类为 30 m、二类为 45 m、三类为 60 m。

（5）【正确答案】D

解析：本题考查的是防雷措施。防直击雷的专设引下线距建筑物出入口或人行道边沿不宜小于 3 m。

（6）【正确答案】B

解析：本题考查的是防雷措施。外部防雷装置指用于防直击雷的防雷装置，由接闪器、引下线和接地装置组成。接闪杆（以前称避雷针）、接闪带（以前称避雷带）、接闪线（以前称避雷线）、接闪网（以前称避雷网）及金属屋面、金属构件等均为常用的接闪器。

（7）【正确答案】D

解析：本题考查的是防雷措施。运行正常时，避雷器对地保持绝缘状态；当雷电冲击波到来时，避雷器被击穿，将雷电引入大地；冲击波过去后，避雷器自动恢复绝缘状态。

4.2.6.2 多选题

（1）【正确答案】ABDE

解析：本题考查的是防雷措施。防雷的分类是指建筑物按照重要性、生产性质、遭受雷击的可能性和后果的严重性所进行的分类。

(2)【正确答案】CD

解析：本题考查的是防雷措施。闪电感应的防护主要有静电感应防护和电磁感应防护两方面。

5.2.4 课后练习

5.2.4.1 单选题

(1)【正确答案】C

解析：本题考查的是静电防护。静电接地是防静电危害的最基本措施。

(2)【正确答案】D

解析：本题考查的是静电防护。题中 ABC 项均属于环境危险程度的控制。工艺控制包括：材料的选用、限制物料的运动速度、加大静电消散过程。

(3)【正确答案】D

解析：本题考查的是静电防护。静电中和器是指将气体分子进行电离，产生消除静电所必要的离子(一般为正、负离子对)的机器，也称为静电消除器。

(4)【正确答案】C

解析：本题考查的是静电防护。从工艺控制上，消除静电可以在材料选用、限制物料的运动速度和加大静电消散过程上进行控制；可以利用静电接地，将产生在工艺过程的静电泄漏于大地；可以采用增湿、抗静电添加剂、静电中和器等办法，防止人体静电的危害；要穿着防静电工作服、鞋、袜，佩戴防静电手套，禁止在静电危险场所穿脱衣服、帽子及类似物，并避免剧烈的身体运动。

(5)【正确答案】C

解析：本题考查的是静电防护。增湿的作用主要是增强静电沿绝缘体表面的泄漏。

5.2.4.2 多选题

(1)【正确答案】BCDE

解析：本题考查的是爆炸危险环境下的静电防护。具体措施包括：在静电危险场所，所有属于静电导体的物体必须接地；限制物料的运动速度；增湿(增强静电沿绝缘体表面泄漏)；等等。

(2)【正确答案】ABE

解析：本题考查的是引燃源及其控制。选项 C 错误，增强消散过程可以使静电危害得以减轻或消除；选项 D 错误，生产人员和工作人员应尽量避免穿尼龙或涤纶材质的工作服。

6.1.4 课后练习

(1)【正确答案】D

(2)【正确答案】C

(3)【正确答案】B

(4)【正确答案】D

(5)【正确答案】B

解析：本题考查的是变配电站安全。室内充油设备油量在 60 kg 以下者允许安装在两侧有隔板的间隔内，油量在 60~600 kg 者须安装在有防爆隔墙的间隔内，600 kg 以上者应安装在单独的间隔内。

(6)【正确答案】C

解析：本题考查的是变配电站安全。变配电站各间隔的门应向外开启；门的两面都有配电装置时，应两边开启。

6.2.4 课后练习

6.2.4.1 单选题

(1)【正确答案】A

(2)【正确答案】C

(3)【正确答案】C

(4)【正确答案】D

解析：本题考查的是主要变配电设备安全。干式变压器的安装场所应有良好的通风，且空气相对湿度不得超过 70%。

(5)【正确答案】B

解析：本题考查的是主要变配电设备安全。变压器运行时，上层油温一般不应超过 85 ℃。

6.2.4.2 多选题

【正确答案】BD

解析：本题考查的是配电柜（箱）。选项 A 错误，触电危险性小的生产场所和办公室可以安装开启式的配电板；选项 C 错误，落地安装的柜（箱）底面应高出地面 50~100 mm，操作手柄中心高度一般为 1.2~1.5 m，柜（箱）前方 0.8~1.2 m 应无障碍物；选项 E 错误，装设在柜（箱）外表面或配电板上的电气元件必须有可靠的屏护。

6.3.5 课后练习

6.3.5.1 单选题

(1)【正确答案】D

(2)【正确答案】C

(3)【正确答案】B

（4）【正确答案】B

解析：本题考查的是用电设备和低压电器。第一位特征数字 5 指防尘，防止直径不小于 1.0 mm 的金属线接近危险部件；第二位特征数字 4 指防溅水。

6.3.5.2　多选题

【正确答案】BCD

7.1.5　课后练习

7.1.5.1　单选题

（1）【正确答案】A

（2）【正确答案】B

（3）【正确答案】B

解析：本题考查的是燃烧与火灾。燃烧和火灾发生的必要条件是同时具备氧化剂、可燃物、引燃源三要素。

（4）【正确答案】B

解析：本题考查的是燃烧与火灾。C 类火灾指气体火灾，如煤气、天然气、甲烷、氢气火灾等。

（5）【正确答案】B

解析：本题考查的是燃烧与火灾。扩散燃烧是指可燃气体从管道、容器的裂缝流向空气时，可燃气体与空气分子相互扩散、混合，混合浓度达到爆炸极限范围内的可燃气体遇到火源即着火并能形成稳定火焰的燃烧。

（6）【正确答案】B

解析：本题考查的是燃烧与火灾。可燃物质在燃烧过程中首先预热分解出可燃性气体，分解出的可燃性气体再与氧气进行的燃烧，称为分解燃烧。

（7）【正确答案】D

解析：本题考查的是燃烧与火灾。E 类火灾指带电火灾，是物体带电燃烧的火灾，如发电机火灾、电缆火灾、家用电器火灾等。

（8）【正确答案】B

解析：本题考查的是燃烧与火灾。自燃是指可燃物在空气中没有外来火源作用下，靠自热或外热发生燃烧的现象。

（9）【正确答案】D

解析：本题考查的是燃烧与火灾。自燃的热量来源不同，分为自热自燃和受热自燃。油脂受高温暖气片的加热，属于外界加热，使油的温度升高，达到自燃点而发生燃烧现象，这种外界加热引起的自燃称为受热自燃。

（10）【正确答案】B

解析：本题考查的是燃烧与火灾。发展期是火势由小到大发展的阶段，一般采用 T 平方特征火灾模型来简化描述该阶段非稳态火灾热释放速率随时间的变化，即假定火灾热释放速度与时间的平方成正比，轰燃就发生在这一个阶段。

7.1.5.2 多选题

【正确答案】ABCD

解析：本题考查的是引燃源及其控制。化工企业中常见的着火源有明火、化学反应热、化工原料的分解自燃、热辐射、高温表面、摩擦和撞击、绝热压缩、电气设备及线路的过热和火花、静电放电、雷击和日光照射等。

7.2.5 课后练习

（1）【正确答案】B

（2）【正确答案】B

解析：本题考查的是爆炸。评价粉尘爆炸危险性的主要特征参数是爆炸极限、最小点火能量、最低着火温度、粉尘爆炸压力及压力上升速率。

（3）【正确答案】B

（4）【正确答案】B

解析：本题考查的是爆炸。乙炔、乙烯、氯乙烯等在分解时引起的爆炸属于气体的分解爆炸。

（5）【正确答案】A

解析：本题考查的是爆炸。氧气瓶直接受热会导致瓶内气体温度升高，体积膨胀，压力增大，当气体压力超过钢瓶的极限强度时，氧气瓶即发生爆炸。温度、体积和压力都是物理因素，氧气瓶直接受热发生的爆炸是由于物理因素的变化，即物理变化引起的，所以属于物理性爆炸。

（6）【正确答案】C

解析：本题考查的是爆炸。爆炸发生时，特别是较猛烈的爆炸往往会引起短暂的地震波。这种震荡波是由震荡作用引起的。

（7）【正确答案】C

解析：本题考查的是爆炸。震荡作用是指爆炸发生时，特别是较猛烈的爆炸往往会引起短暂的地震波。

（8）【正确答案】A

解析：本题考查的是爆炸。粉尘的爆炸过程比气体的爆炸过程复杂，要经过尘粒的表面分解或蒸发阶段及由表面向中心延燃的过程，所以感应期比气体长得多。

7.3.3 课后练习

（1）【正确答案】A

解析：本题考查消防设施与器材。一般地，当氧气的含量低于 12% 或二氧化碳浓度达 30%~35% 时，燃烧终止。

（2）【正确答案】A

解析：本题考查的是消防设施。火灾自动报警系统主要完成探测和报警功能，控制和联动等功能主要由联动控制系统来完成。

（3）【正确答案】A

解析：本题考查的是消防设施。控制中心系统一般适用于特级、一级保护对象。

（4）【正确答案】B

解析：本题考查的是消防设施。发泡倍数在 21~200 倍的称为中倍数泡沫。

（5）【正确答案】C

解析：本题考查的是消防器材。电石（乙炔）着火时，严禁用水灭火器扑救。

（6）【正确答案】B

解析：本题考查的是消防器材。高倍数泡沫灭火剂的发泡倍数（201~1000 倍）高，能在短时间内迅速充满着火空间，特别适用于大空间火灾，并具有灭火速度快的优点。

（7）【正确答案】D

解析：本题考查的是消防器材。干粉灭火器主要通过抑制作用灭火。

（8）【正确答案】C

解析：本题考查的是消防器材。非接触式火灾报警是利用光学效果进行探测的，如感光火灾报警器，利用火灾起初期物质燃烧时火焰辐射的红外线和紫外线，制成红外线检测器和紫外线检测器，前者利用硫化铝（后者利用紫外光敏二极管）作为敏感元件，遇到红外辐射时，即可产生电信号来进行探测和报警。

7.4.6　课后练习

7.4.6.1　单选题

（1）【正确答案】C

解析：本题考查的是消防设施与器材。监测密度大于空气的可燃气体（如石油液化气、汽油、丙烷、丁烷）时，探测器应安装在泄漏可燃气体处的下部，距地面不应超过 0.5 m。

（2）【正确答案】D

解析：本题考查的是爆炸控制。防止爆炸的一般原则：一是控制混合气体中的可燃物含量处在爆炸极限以外；二是使用惰性气体取代空气；三是使氧气浓度处于其极限值以下。

（3）【正确答案】B

（4）【正确答案】A

解析：本题考查的是火灾爆炸预防基本原则。遵循防爆基本原则采取的措施是：防止爆炸性混合物的形成；严格控制火源；及时泄出燃爆开始时的压力；切断爆炸传播途径；减弱爆炸压力和冲击波对人员、设备和建筑的损坏，检测报警。

（5）【正确答案】B

解析：本题考查的是引燃源及其控制。由电气设备和线路发生故障或错误作业出现的火花，称为事故火花。

（6）【正确答案】D

解析：本题考查的是引燃源及其控制。电炉加热引起的火灾属于明火导致的火灾。

（7）【正确答案】A

解析：本题考查的是引燃源及其控制。爆炸危险场所电气设备的极限温度是指外境温度为 40 ℃时的允许温升。

（8）【正确答案】D

解析：本题考查的是爆炸控制。对于厂房必须用通风的方法使可燃气体、蒸汽或粉尘的浓度不致达到危险的程度，一般应控制在爆炸下限 1/5 以下。

（9）【正确答案】A

解析：本题考查的是爆炸控制。雷汞属于爆炸物品，不准与任何其他类的物品共储，必须单独隔离储存。

（10）【正确答案】B

解析：本题考查的是爆炸控制。防止室内或容器爆炸的安全措施包括：抗爆容器、爆炸卸压、房间泄压。

（11）【正确答案】A

解析：本题考查的是防火防爆安全装置及技术。由烟道或车辆尾气排放管飞出的火星也可能引起火灾，因此，通常在可能产生火星设备的排放系统，如加护热炉的烟道，汽车、拖拉机的尾气排放管上等，安装火星熄灭器。

（12）【正确答案】A

解析：本题考查的是防火防爆安全装置及技术。其他阻火隔爆装置包括单向阀、阻火阀门、火星熄灭器。

（13）【正确答案】D

解析：本题考查的是防火防爆安全装置及技术。爆炸抑制系统主要由爆炸探测器、爆炸抑制器和爆炸控制器三部分组成。

7.4.6.2　多选题

（1）【正确答案】ABCD

解析：本题考查的是防火防爆安全装置及技术。机械阻火防爆装置主要包括工业阻火器、主动式隔爆装置、被动式隔爆装置和其他阻火隔爆装置，其他阻火隔爆装置包括单向阀、阻火阀门和火星熄灭器。选项 E 属于防爆泄压装置。

（2）【正确答案】BCD

解析：本题考查的是防火防爆安全装置及技术。按照气体排放方式，可将安全阀分为全封闭式、半封闭式和敞开式三种。

7.5.4　课后练习

7.5.4.1　单选题

（1）【正确答案】C

（2）【正确答案】D

7.5.4.2　多选题

（1）【正确答案】ABCDE

（2）【正确答案】ACD

解析：本题考查的是消防设施。高层宾馆、饭店、大型建筑群一般使用的都是集中报警系统。

8.1.3　课后练习

【正确答案】ABCD

8.2.4　课后练习

（1）【正确答案】A

（2）【正确答案】D

（3）【正确答案】C